CorelDRAW X6 企业项目案例实战

陈辉 刘德标◎主编
吴誉 何春满◎副主编

清華大学出版社
北京

内 容 简 介

本书根据教育部颁布的《中等职业学校工艺美术专业教学标准》编写而成。全书共5个模块：小试牛刀——标志设计、精彩飞扬——文字设计、经典案例——歌丽芙品牌Ⅵ设计、书籍封面设计、技能竞赛——挑战自我。书中的设计案例全部来源于参加社会竞标项目和校企合作企业实际商业项目，这些经典案例不仅全面展示了如何在平面设计中灵活使用CorelDRAW X6的各种功能，而且集行业的宽度和专业的深度于一体，结合作者与校企合作设计公司多年丰富的设计经验和理论知识，由浅入深，从简到繁的方式陈列讲解，让读者通过实例的制作，获得更多深层次的平面设计理论和美术设计知识。

本书可作为中职工艺美术、美术设计与制作等艺术设计类专业的教学用书，也可作为设计业余爱好者自学用书和设计者的参考书。

图书在版编目(CIP)数据

CorelDRAW X6企业项目案例实战/陈辉，刘德标主编.—北京：清华大学出版社，2017(2022.8重印)
ISBN 978-7-302-42905-0

Ⅰ.①C… Ⅱ.①陈… ②刘… Ⅲ.①图形软件 Ⅳ.①TP391.41

中国版本图书馆CIP数据核字(2016)第030040号

责任编辑：王剑乔
封面设计：牟兵营
责任校对：李　梅
责任印制：朱雨萌

出版发行：清华大学出版社
网　　址：http://www.tup.com.cn，http://www.wqbook.com
地　　址：北京清华大学学研大厦A座　　**邮　　编**：100084
社 总 机：010-83470000　　**邮　　购**：010-62786544
投稿与读者服务：010-62776969，c-service@tup.tsinghua.edu.cn
质量反馈：010-62772015，zhiliang@tup.tsinghua.edu.cn
课件下载：http://www.tup.com.cn,010-83470410
印 装 者：北京嘉实印刷有限公司
经　　销：全国新华书店
开　　本：185mm×260mm　　**印　　张**：11.75　　**字　　数**：252千字
版　　次：2017年1月第1版　　**印　　次**：2022年8月第7次印刷
定　　价：59.00元

产品编号：067729-03

丛书编委会

前 言

本书配套素材

本书教学课件

在当今竞争日益激烈的设计行业，要想成为一名合格的设计师，仅仅具备熟练的软件操作技能是远远不够的，还必须拥有新颖独特的设计理论和创意思维、丰富的行业知识和经验。

本书根据教育部颁布的《中等职业学校工艺美术专业教学标准》编写而成，作者从多年的教学经验及实践中吸取宝贵的经验，携手校企合作设计公司，以 CorelDRAW X6 中文版为工具，采用商业案例与设计理念相结合的方式编写。同时，结合中职生的学习特点，配以精美的步骤详图，由浅入深，层层深入讲解案例制作和设计理念，借助案例，抛砖引玉，开启一扇通往设计之门，让中职生感受 CorelDRAW X6 带来的强大功能和无限创意。

本书特点如下。

(1) 打破以往按部就班的教学思路，以任务驱动来引导，从“做中学，学中做”的实战中领会设计流程、软件使用方法和技巧。

(2) 设计师借助多媒体视频语音分析经典案例设计过程，将作者与合作企业多年积累的设计经验、制作技术和印前技能毫无保留地奉献给学生，使学生在学习技术的同时，能够迅速积累宝贵的行业经验，拓展知识深度，以便能够轻松完成各类平面设计工作，亲身领略不一样的感觉。

(3) 本书附带设计师现场案例分析和多媒体教学视频(扫描书中二维码，可直接播放)，还有每个模块的教学课件，并提供全书所有案例的调用素材及源文件，视频讲解将精要知识与商业案例完美结合，使教和学都更加轻松。每个项目都有课题概括和学习的重难点提醒，在过程中还精心设计了“技巧提示”“链接设计师”“课堂链接”等栏目，环节紧凑，塑造了一个完整的教学体系。

本书讲解的设计案例全部来源于参加社会竞标项目和校企合作企业实际商业项目，

这些经典案例全面展示了如何在平面设计中灵活使用CorelDRAW X6的各种功能。

本书由陈辉、刘德标任主编，吴誉、何春满任副主编，同时参与编写的还有刘巧稚、杨子杰、肖攀、莫富锟、叶亚静、陈泳彤、陈君铭、林小燕、卢嘉靖、刘蓝蕊、杨然晴等，在此表示衷心感谢。同时非常感谢凌羽品牌策划设计公司给予的大力支持。

在创作过程中，由于编者水平所限，不足之处在所难免，希望广大读者批评指正。

编　者

2016年10月

目　录

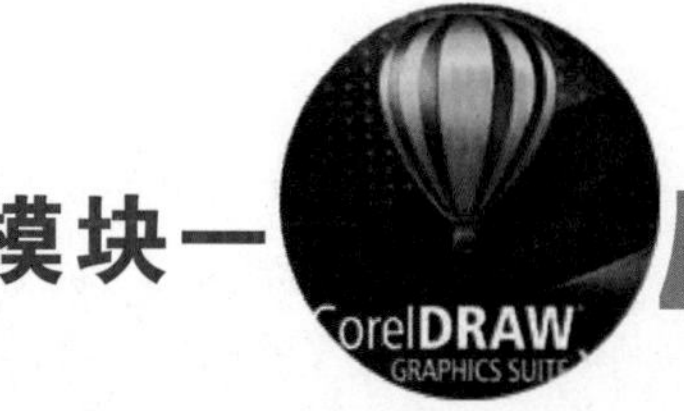

模块一

小试牛刀——标志设计

标志与一般广告设计不同，后者只是短时间内刊登在各类媒体上，过时就不再受人瞩目，而前者却是持久性的，它时刻会出现在除了各类媒体之外的任何物品上，如招牌、信封、名片、服饰和交通工具等，因此在设计时要做通盘考虑。一个好的标志应具有创作性、清晰美观、适合产品或公司的性质、容易辨认、制作简单及具备适当的标准色等特点。

项目一　顺德工业园园徽设计

一、项目背景

本项目是作者参与顺德区省级科技工业园面向社会征集园徽而中的标，设计效果如图 1-1 所示。要求体现地处珠三角腹部、毗邻广州、东南距香港特别行政区 64 海里(n mile，1n mile＝1852m)、南距澳门特别行政区 80n mile 的地域优势，相对周边而言，顺德无论在技术还是产业规模以及交通网络方面，都有比较理想的条件优势。所以设计此类标志虽不用直接面对客户，但要细心分析项目要求，找到关键词进行构思。

本项目的操作视频请扫描下面的二维码。

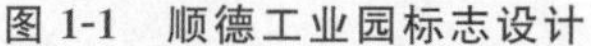

图 1-1　顺德工业园标志设计

二、工作目标

通过学习该标志制作，主要掌握软件中【挑选工具】、【手绘工具】、【贝塞尔工具】、【填充工具】、【文本工具】、【导入命令】等的使用，同时注意理解制作标志的方法、规范与要求。

三、工作时间

工作时间为3课时。

四、分配任务

在课前做好分组，根据本班人数分组，建议每组不超过10人，并要求独立完成，选出组长，相当于设计主管的角色对工作过程进行监督管理。

五、工作步骤

（一）绘制图形轮廓

（1）介绍软件的界面功能。CorelDRAW X6软件主界面如图1-2所示。

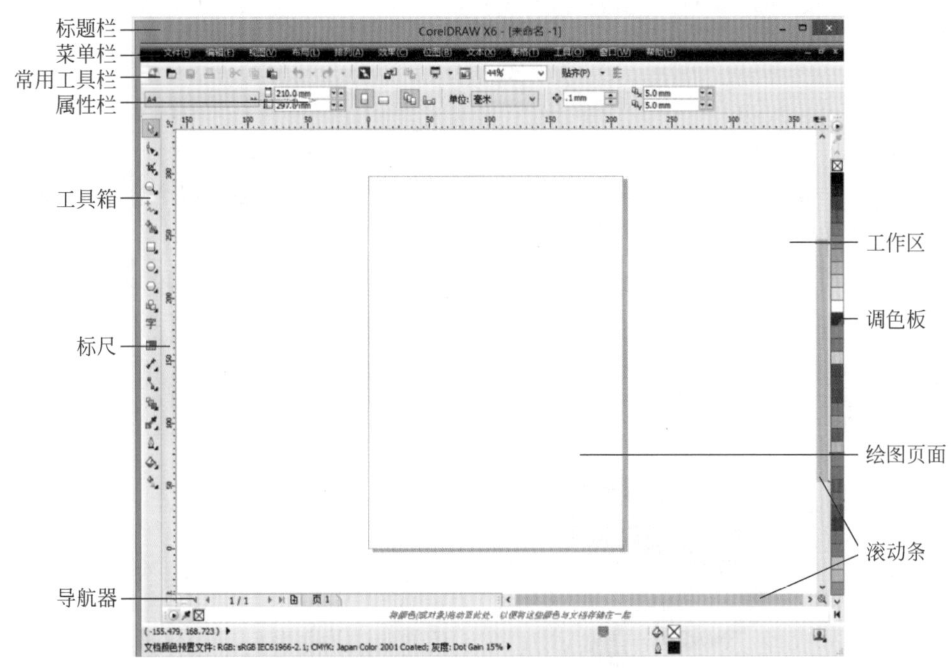

图1-2　CorelDRAW X6软件主界面

（2）在制作之前建立一个文件夹，命名和项目名称一致，以便于保存和管理，这也是设计师应养成的一种好习惯。软件安装完成第一次使用时，选择【文件】菜单的【新建】命令，会弹出【创建新文档】对话框，从该对话框中可以了解该软件默认的一些信息，如分辨率是300dpi等，然后设定名称为“顺德工业园”，如图1-3所示（勾选【不再显示此对话框】复选框，以后打开新建文件时就直接进入绘图区），单击常用工具栏中的【导入】按钮，将原先

设计好的草图导入，单击工具箱中的【挑选工具】按钮，选择草图，然后单击工具箱中的【透明度工具】按钮，在属性栏选择【标准】，透明度自定义为 50%，效果如图 1-4 所示。

创建新文档

名称(N): 顺德工业园
预设目标(D): CorelDRAW 默认
大小(S): A4
宽度(W): 210.0 mm　毫米
高度(H): 297.0 mm
页码数(N): 1
原色模式(C) CMYK
渲染分辨率(R): 300 dpi
预览模式(P) 增强
颜色设置
描述
选择文档的测量单位，如英寸、毫米或像素。
不再显示此对话框(A)
确定　取消　帮助

图 1-3　【创建新文档】对话框

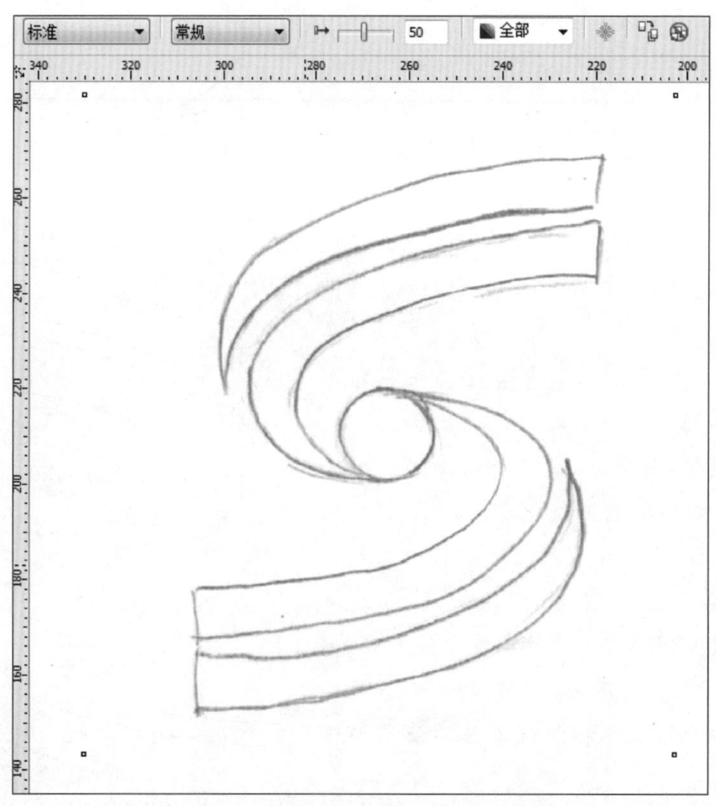

图 1-4　标志草图

技巧提示：可直接从文件夹里拖动鼠标把草图拉到绘画区里，如文件过大或过小，都可以用选择工具选择后，单击黑色的节点，按住 Shift 键，就可以按比例进行缩小或放大到适应的大小。

(3) 选择【手绘工具】，对草图上部分图形画出两条闭合线，如图 1-5 所示。然后选择【形状工具】，框选所有节点后再在属性栏选择【转换为曲线】，对绘画区单击后再对线条进行编辑，编辑后如图 1-6 所示，框选图形，按快捷键 Ctrl+G 组合图形，然后按+键复制图形，分别选择属性栏的【镜像复制】和【水平复制】，把新复制的图形向下拉到相应的位置，再单击工具箱中的【椭圆形工具】按钮，按住 Ctrl 键绘制出中间的正圆，如图 1-7 所示。

图 1-5　闭合线

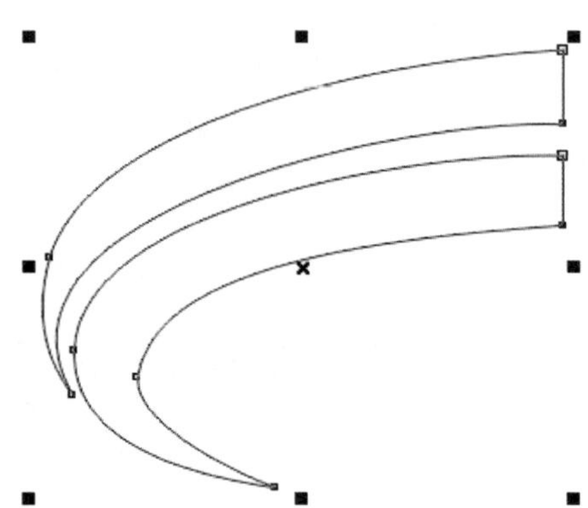

图 1-6　编辑曲线

(4) 选中草图，并按 Delete 键删除，单击标尺的地方拉出辅助线，调好左右平衡和对称性，如图 1-8 所示。

技巧提示：用【形状工具】调整曲线的形状时，可以对要调整的位置双击，来"增加"或"减少"节点进行调整，同时，当调节的两个手柄处于同一条直线时，就说明圆弧是光滑的。

课堂链接：在这个环节每组的组长对本组成员的进度情况要进行跟进，教师巡堂辅导，这一步是学习 CorelDRAW X6 软件最重要的开始，要力求使每个学生学好、用好，才更有利于下面的学习，特别是对绘图工具和形状工具的使用要掌握好，教师把好关。

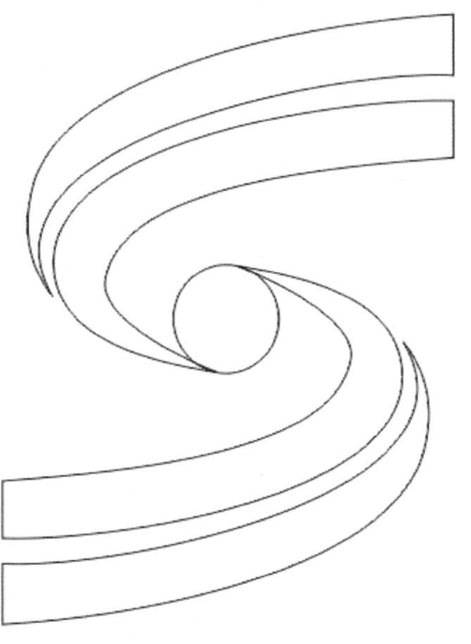

图 1-7　镜像后效果

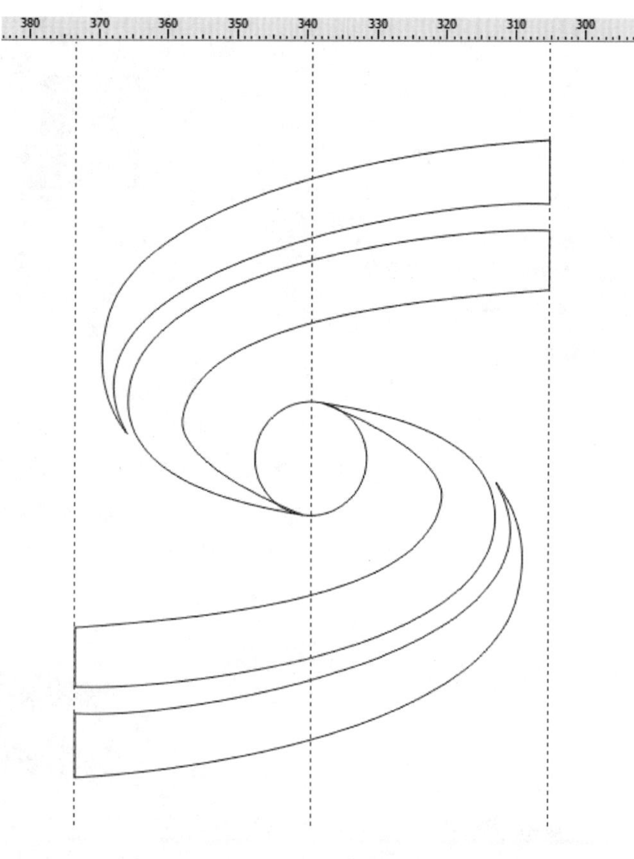

图 1-8　画辅助线

（二）填充颜色

（1）选择中间球，单击工具箱【填充工具】的小三角形，选择【渐变填充】，弹出【渐变填充】对话框，在【类型】下拉列表框中选择【辐射】选项，如图 1-9 所示。调整红为（C：0，M：100，Y：100，K：0），到白色渐变后单击【确定】按钮，接着选择其他组合图形，用同样方法选择【渐变填充】|【均匀填充】，在对话框中选择【模型】里 C、M、Y、K 的参数分别为 58、85、0、0，填充效果如图 1-10 所示。

（2）单击工具箱的【文本工具】字，输入“顺德工业园”，选择【文鼎大黑】字体；输入 SD INDUSTRIAL PARK，选择 Arial Black 字体。按照辅助线对称的位置摆放，图形和文字组合如图 1-11 所示。

（3）执行【文件】|【保存】菜单命令，打开【保存】对话框，在该对话框中设置文件名和存储路径，单击【保存】按钮，保存文件。

（4）在 A4 纸上根据征集文件要求制作网格图，单击工具箱中的【表格工具】，创建网格，设定属性栏的参数为 120.0 mm 120.0 mm 20 20 背景： 边框： .2 mm ，移动网格到标志的下面（按快捷键 Ctrl＋PgDn 使对象往后一层）。接下来制作标准色和设计说明，并保存文件。标志应征图如图 1-12 所示。

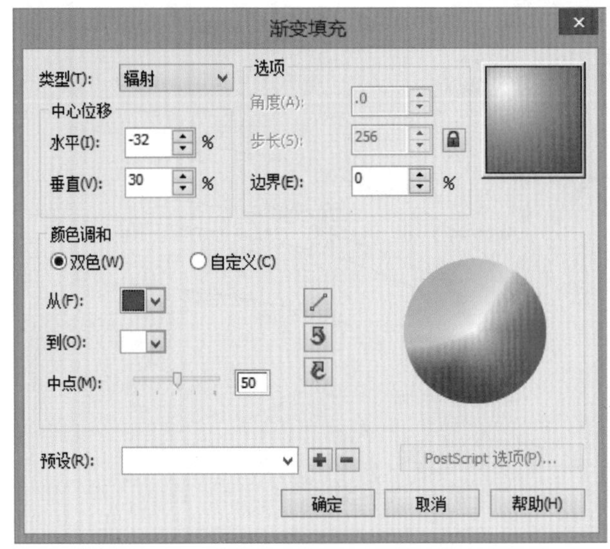

图 1-9 【渐变填充】对话框 1

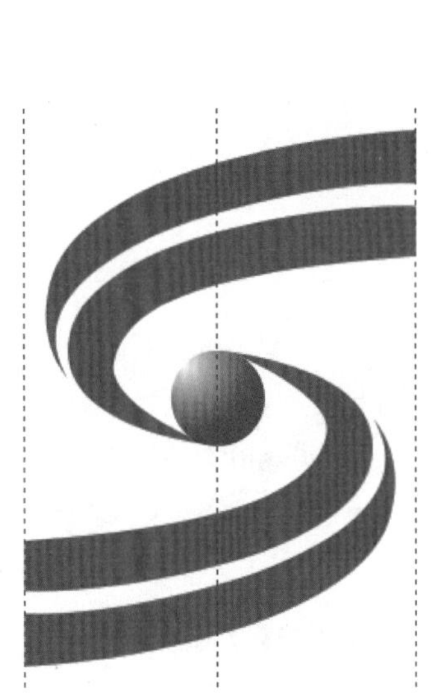

图 1-10 园徽图标填充效果

图 1-11 图形和文字组合

技巧提示：在 CorelDRAW X6 中，如果使用【文本工具】制作文本，可以通过属性来调整段落、对齐等。但是，如果文字比较多，可以通过 Word 文档先进行编辑，然后复制文字，在 CorelDRAW X6 的【编辑】菜单中选择【选择性粘贴】命令，在弹出的对话框中选择 Rich Text Format，并单击【确定】按钮，这样对文本编辑会比较方便。

图 1-12　标志应征图

回顾练习

通过该案例练习，主要对【手绘】、【形状】、【填充】和【文字】等工具进行熟悉和运用，同时，本项目主要用到以下几个快捷键，如按 Ctrl 键使对象按正比例缩放、按快捷键 Ctrl+G 组合图形、按快捷键 Ctrl+PgDn 使对象往后一层等。

项目二　顺德第九届运动会会徽设计

一、项目背景

顺德第九届运动会会徽这个项目也是作者参与社会竞标的作品，该运动会是顺德地区每年举行一次的体育盛会，以全区 10 个镇街的体育健儿进行体育竞赛为主，要体现时间性、地域性和运动精神。顺德又称为"凤城"，因此设计主题以"龙飞凤舞"来演绎"9"的时间性和"运动"的精神。设计效果如图 1-13 所示。

本项目的操作视频请扫描下页的二维码。

二、工作目标

通过学习该标志制作，继续熟练掌握对【挑选工具】、【手绘工具】、【填充工具】等的使

图 1-13 顺德第九届运动会会徽

用，同时学习【贝塞尔工具】、【造形】|【简化】、【造形】|【修剪】和文件的【导出】等的使用，同时注意理解制作方法、规范与要求。

三、工作时间

工作时间为 3 课时。

四、分配任务

在课前做好分组，根据本班人数分组，建议每组不超过 10 人，并要求独立完成，选出组长(相当于设计主管的角色)对工作过程进行监督管理。

五、工作步骤

(一) 绘制图形轮廓

(1) 按照项目一已学过的方法导入草图，单击工具箱的【手绘工具】，绘制出标志的线稿，如图 1-14 所示。单击工具箱的【贝塞尔工具】，绘制出基本图形，如图 1-15 所示。

图 1-14 会徽线稿

图 1-15 基本图形

(2) 导入笔刷(素材1),选中导入的笔刷,移动到适当位置,如图1-16所示。分别选中笔刷和标志线稿,执行菜单栏中的【排列】|【造形】命令,弹出【造形】对话框,在下拉列表框中选择【简化】选项,如图1-17所示。简化后线稿效果如图1-18所示。

图1-16　笔刷效果

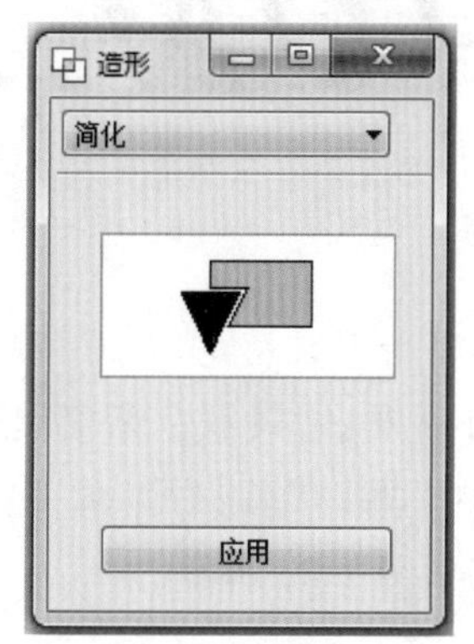

图1-17　【造形】对话框1

图1-18　线稿简化效果

(3) 制作文字效果,单击工具箱中的【椭圆形工具】,按住Ctrl键在页面中绘制一个正圆,然后将其轮廓宽度改到适当大小,再复制出其他3个圆并进行排列。

(4) 选中所有圆,执行菜单栏中的【排列】|【将其轮廓转换为对象】命令。单击工具箱【矩形工具】绘制出两个矩形,再移动到适当位置,执行菜单栏中的【排列】|【造形】命令,在弹出的对话框中选择【修剪】,单击被修剪的对象进行修剪,修剪效果如图1-19所示。

图1-19　会徽文字的修剪效果

(5) 单击工具箱中的【手绘工具】绘制线条,并调整其轮廓宽度与之前的图一致。执行菜单栏中的【排列】|【将其轮廓转换为对象】命令,再移动到圆的适当位置。继续执行菜单栏中的【排列】|【造形】命令,在弹出的对话框中选择【焊接】,单击被焊接对象,焊接成"2005"。接着单击工具箱的【文本工具】,输入SHUN DE,将文字字体设置为MV Bali,放置在"2005"字样之下,最后效果如图1-20所示。

技巧提示:调整线条的轮廓粗细有两种方法。①选择线条,调整属性栏 .2 mm 的参数设定;②单击工具箱中的【轮廓笔】,在下拉菜单中选择【轮廓笔】,调整宽度参数设定。使用【贝塞尔工具】操作方法是先单击第一点,松开鼠标到第二点单击并拖动拉出曲线,这个效果和用【手绘工具】的最终效果一样,主要取决于自己的习惯选用哪种方法来绘制图形。

2005

SHUN DE

图 1-20　文字的最后效果

（二）填充颜色

(1) 选中绘制的标志图形，单击工具箱【填充工具】的小三角形，在弹出的下拉菜单中选择【渐变填充】命令，弹出对话框，调其双色渐变填充为橙色(C：0，M：100，Y：100，K：0)、黄色(C：0，M：25，Y：100，K：0)，设置如图 1-21 所示，移动鼠标到【调色板】右击☒按钮，轮廓色填充为无，效果如图 1-22 所示。

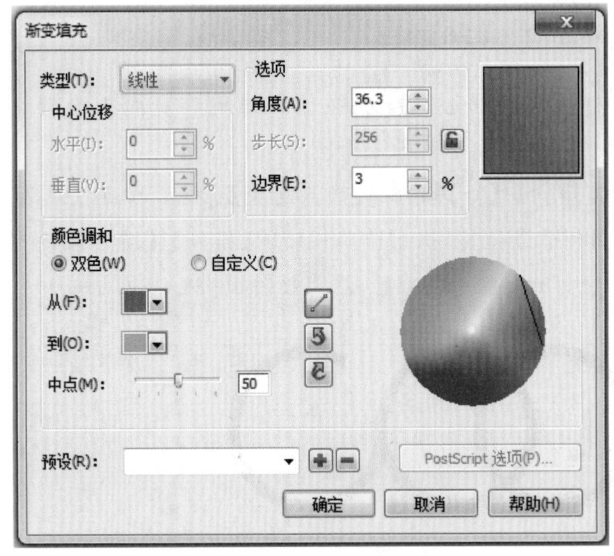

图 1-21　【渐变填充】对话框 2

图 1-22　会徽填色后效果

(2) 将“2005”字样依次填充为绿色(C：100，M：0，Y：100，K：0)、青色(C：100，M：0，Y：0，K：0)、深黄色(C：0，M：20，Y：100，K：0)、红色(C：0，M：100，Y：100，K：0)。将 SHUN DE 字样填充为黑色(C：0，M：0，Y：0，K：100)，如图 1-23 所示。

(3) 单击标尺的地方拉出辅助线，并按比例排列图形和文字，并按快捷键 Ctrl+S 保存文件，在对话框中命名文件名并保存到指定路径。

(4) 根据征集要求制作出网格图，按照项目一的方法绘制最终效果，如图 1-24 所示。框选要导出的文件，单击常用工具栏中的按钮，弹出的第一个对话框设置如图 1-25 所示，指定路径，并保存文件类型为 TIF 格式，单击【确定】按钮后弹出的第二个对话框见图 1-26，可根据征集要求对【分辨率】进行重新设置，也可以对【颜色模式】进行选择。

图 1-23　填色后图形

图 1-24　会徽最终效果图

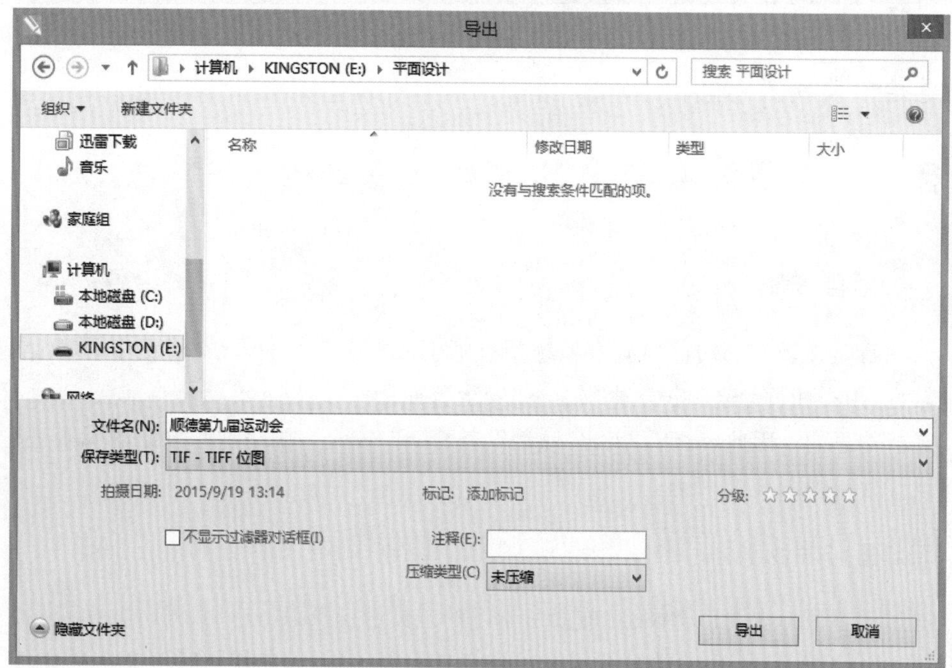

图 1-25　导出

图 1-26 文件类型

课堂链接：教师和组长同时检查学员所做的效果，并及时给予纠正。特别是最终的成品图是否根据要求来做，并总结提醒学员，该项目在练习【手绘】和【形状】等工具使用的同时，学习了【造形】命令的【简化】、【修剪】和【焊接】功能，还有用快捷键 Ctrl+S 保存以及属性栏的“导出”命令等。

项目三 顺德学校安全教育标志设计

一、项目背景

该项目是在教育部门面向教育系统所有师生征集中获奖的，旨在让更多的师生重视安全教育，用心和行动来呵护学生安全，使安全警钟长鸣，这是征集要求的重点，也是根据这些进行构思的。因此，设计要突出“顺德”“教育”和“安全”，围绕这几方面的元素进行构思。设计效果如图 1-27 所示。

二、工作目标

通过学习该标志制作，继续对前面所学习的工具进行熟识与运用，同时要学习用快捷键 Ctrl+Shift 画正圆、用快捷键 Ctrl+U 取消群组以及【拆分曲线】和【使文本适合路径】命令的使用，还有对稍复杂标志的制作流程的理解和掌握。

图 1-27　顺德学校安全教育标志

三、工作时间

工作时间为 3 课时。

四、分配任务

制作该项目时除了按之前的分组完成要做的步骤任务外，要开始尝试独立完成一些徽标征集设计。

五、工作步骤

（一）绘制图形轮廓

(1) 按照前面的方法导入草图。先绘制出标志里面的图形，效果如图 1-28 所示。按快捷键 Ctrl+G 群组图形，单击工具箱中的【椭圆形工具】，按快捷键 Ctrl+Shift 绘制出正圆，用同样方法对着第一个圆中心点绘制第二个圆，圆环效果如图 1-29 所示。

图 1-28　标志里图形的线稿

图 1-29　圆环效果

技巧提示：在调节图形(图 1-28)时，要把块面分开调整，用【修剪】方法把图形之间的接口处理得自然些，同时要养成拉好辅助线制图的习惯。

(2) 单击工具箱中的【椭圆形工具】，用同样方法绘制出第三个圆(其比第二个圆要大一点)，将其轮廓宽度改到适当大小，执行菜单栏中的【排列】|【将其轮廓转换为对象】命令，并填充为无色，线稿如图 1-30 所示，接着单击工具箱中的【贝塞尔工具】，绘制出标志的“波浪形”，通过单击工具箱中的【形状工具】进行调整，如图 1-31 所示。

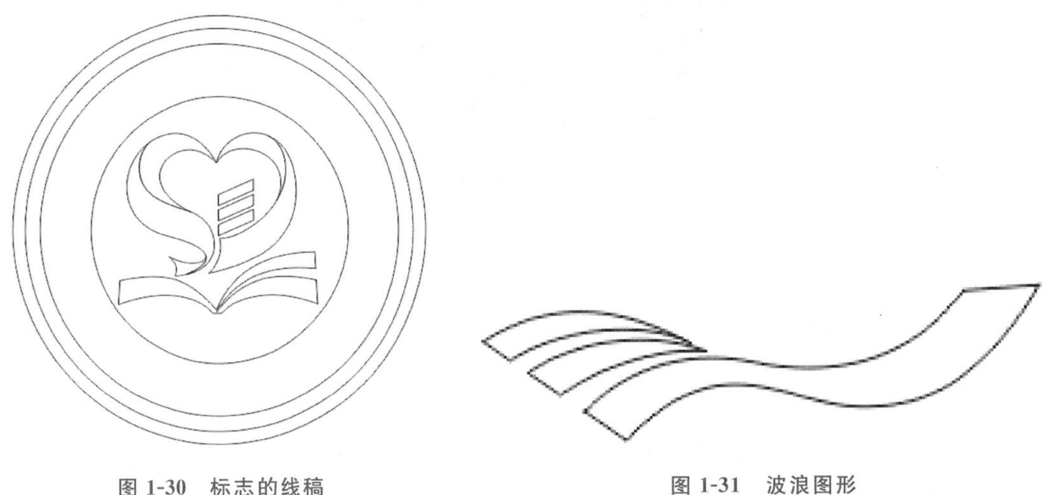

图 1-30 标志的线稿　　图 1-31 波浪图形

(3) 框选图 1-31 并按快捷键 Ctrl+G 群组，移到图 1-30 上适当位置，按+键复制图 1-31，并加粗线条到合适宽度。

(4) 执行菜单栏中的【排列】|【将其轮廓转换为对象】命令，按快捷键 Ctrl+U 取消群组，逐一单击对象，右击选择快捷菜单中的【拆分曲线】命令，如图 1-32 所示，删除里面被拆分出来的小图形，重新按快捷键 Ctrl+G 群组刚拆分的对象，执行菜单栏中的【排列】|【造形】命令，选择【修剪】，按之前所学的知识逐一对被修剪对象进行操作，删除修剪对象后如图 1-33 所示。

(5) 将图 1-31 拉到图 1-33 的适当位置，组合成图 1-34 所示图形。选择工具箱中的【文本工具】，输入文字“顺德学校安全教育”，选择“方正综艺简体”，并调整字体到适当大小，单击工具箱中的【椭圆形工具】，画出一条路径，选择文字，执行菜单栏中的【文本】|【使文本适合路径】命令，单击圆形路径，效果如图 1-35 所示，移动鼠标可以调整字体的位置，也可以通过属性栏参数进行调整。最后效果如图 1-36 所示。

(6) 把图 1-36 移到图 1-34 所示圆环内的位置，用鼠标调整文字到合适的位置，选中文字并右击，选择快捷菜单中的【转换为曲线】命令，把字体和路径分开，然后按 Delete 键删除路径。组合后效果如图 1-37 所示。

课堂链接：步骤(4)和步骤(5)相对比较难，教师在巡堂时要耐心指导，每个步骤分得很细，主要让学员更清楚每个步骤的制作流程和熟识相关操作，有些步骤没有把具体大小和参数写上去，是为了让学员自己去思考和摸索，这样更有利于学习和巩固。

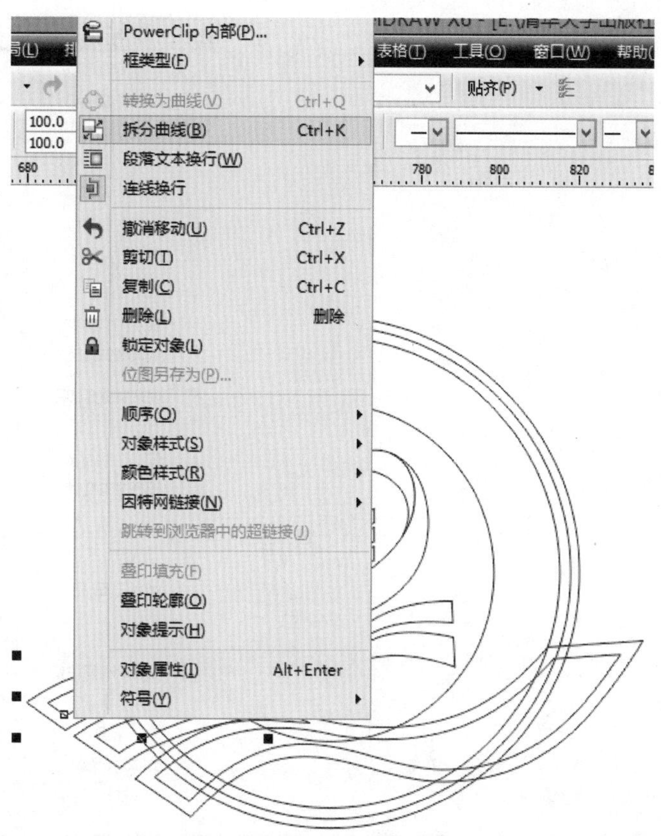

图 1-32　拆分曲线

图 1-33　修剪后图形

图 1-34　组合后图形

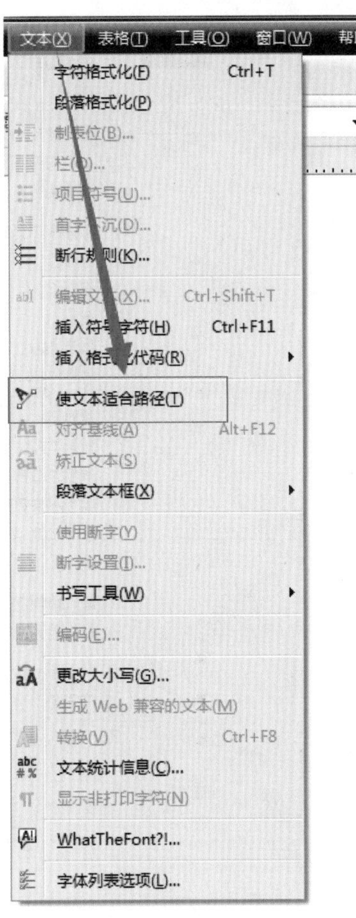

图 1-35　选择【使文本适合路径】命令

图 1-36　移动到路径

图 1-37　标志的组合效果

（二）填充颜色

(1) 单击工具箱中【填充工具】的小三角形，选择下拉菜单中的【渐变填充】命令，在弹出的对话框中选择红(C：0，M：100，Y：100，K：0)到中黄(C：0，M：20，Y：100，K：0)填充，如图1-38所示，并分别通过调节渐变方向用同样的方法填充其他对象。填充后效果如图1-39所示。

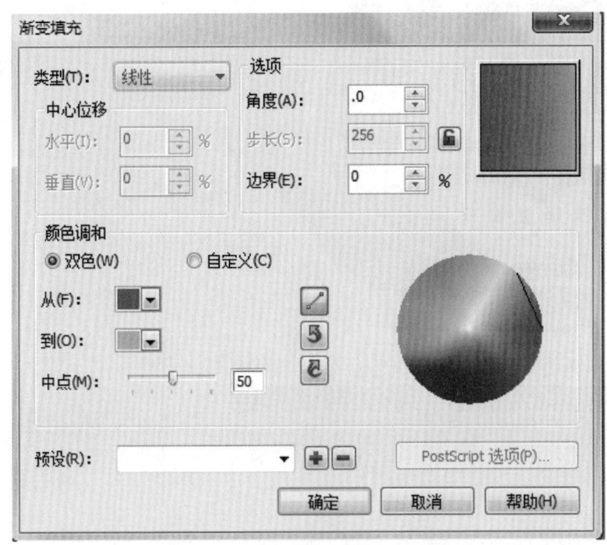

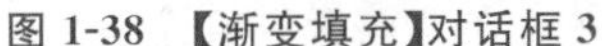
图1-38　【渐变填充】对话框3

图1-39　标志的填充效果

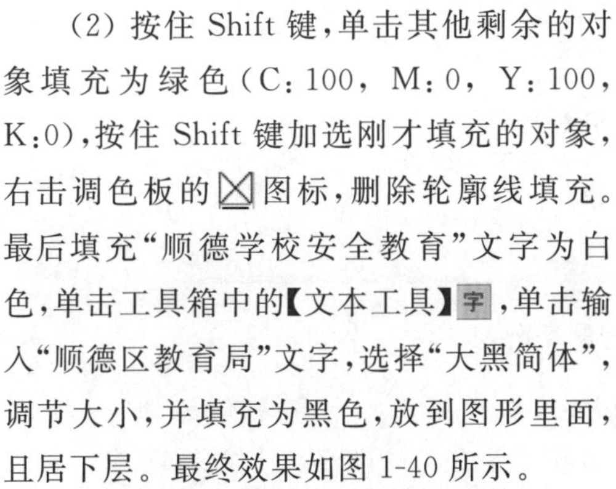

(2) 按住Shift键，单击其他剩余的对象填充为绿色(C：100，M：0，Y：100，K：0)，按住Shift键加选刚才填充的对象，右击调色板的图标，删除轮廓线填充。最后填充“顺德学校安全教育”文字为白色，单击工具箱中的【文本工具】，单击输入“顺德区教育局”文字，选择“大黑简体”，调节大小，并填充为黑色，放到图形里面，且居下层。最终效果如图1-40所示。

图1-40　完成填色效果

(3) 根据投稿要求，参考前面的方法制作出征集要求的效果如图1-41所示。

(4) 执行【文件】|【保存】菜单命令，打开【保存】对话框，在该对话框中设置文件名和存储路径，单击【保存】按钮，保存文件。

技巧提示：在步骤(2)操作中也可以通过修剪“顺德学校安全教育”这几个字，使文字的位置镂空。

课堂链接：对该项目制作过程进行回顾，重点对新、旧教学的知识点进行梳理。例

图 1-41　征集稿最终效果

如，按快捷键 Ctrl＋Shift 由中心点向外画正图，按快捷键 Ctrl＋V 取消群组等，还有【拆分曲线】、【使文本适合路径】等命令，接下来的项目是布置给学生独立完成的。

项目四　顺德燃气具商会标志设计

一、项目背景

该项目是顺德燃气具商会委托凌羽品牌设计公司设计的。在设计之前，设计公司做了一系列的问卷调查和了解，这样更有利于对企业的诉求做出准确的定位，这套方案是一套整体的Ⅵ，在这里只取其中的标志设计部分进行操作。该设计的记忆点比较简约易记，顺

德又叫“凤城”，是“家电之都”。“凤凰”和“火焰”的形象非常直观，并能体现其地域性和行业特征，如图 1-42 所示。

图 1-42 顺德燃气具商会标志

二、工作目标

通过学习该标志制作，主要让学生对之前所学的知识进行巩固和掌握，同时了解设计公司如何与企业沟通，并对标志设计思路有所了解。

三、工作时间

工作时间为 3 课时。

四、分配任务

把该项目打印出来，每人一张，要求按照彩色稿对照做出来，在“做中学，学中做”，教师在课堂巡堂指导。

五、工作步骤

（一）绘制图形轮廓

产品系列资料调查问卷

（请您尽可能仔细填写，以便我们设计出更为精准的作品）

(1) 产品系列名称以及含义/寓意：________

(2) 产品功能属性：________

(3) 产品的定位：________

(4) 产品档次：

□高档　□中档　□低档　□其他________

(5) 产品应用领域：

□家用　□工程　□室内　□户外　□其他________

(6) 产品价格定位(价格幅度)：________

(7) 与自身不同系列产品差异(区分)：

□节能　□价格　□设计　□包装　□功能　□工艺

□其他________

(8) 与市场竞争产品差异(区分)：

□节能　□价格　□设计　□包装　□功能　□工艺

□其他________

(9) 产品的主要影响区域：

□世界范围(国家：________)

□全国范围(省份：________)

□区域范围(区域：________)

(10) 主要营销经销商：________

(11) 其他补充说明：________

备注：请附上产品终端实际的展示照片。

凌羽品牌策划

专注于中小企业品牌重生

(1) 设计公司在制订方案时会有明确分工，设计草图的初步方案会由设计总监和各小组长敲定，然后交给制作部进行制作。该标志的制作和前几个项目制作的方法一样，均是导入制作草图进行初步描绘后再编辑。编辑效果如图1-43所示。

图1-43　燃气具商会标志的线稿

(2) 单击工具箱中的【文本工具】字，输入Gas Appliances，将文字字体设置为Arial。单击工具箱中的【矩形工具】□绘制出两个矩形，再移动到英文的适当位置，按住Shift键

加选刚输入的英文字体，单击状态栏中的【修剪】。修剪效果如图 1-44 所示。

Gas Appliances

图 1-44　文字修剪效果 1

（3）单击工具箱中的【文本工具】字，输入 SHUNDE，将文字字体设置为 Square721BT，加粗外轮廓线，并勾选【随对象缩放】复选框，如图 1-45 所示。

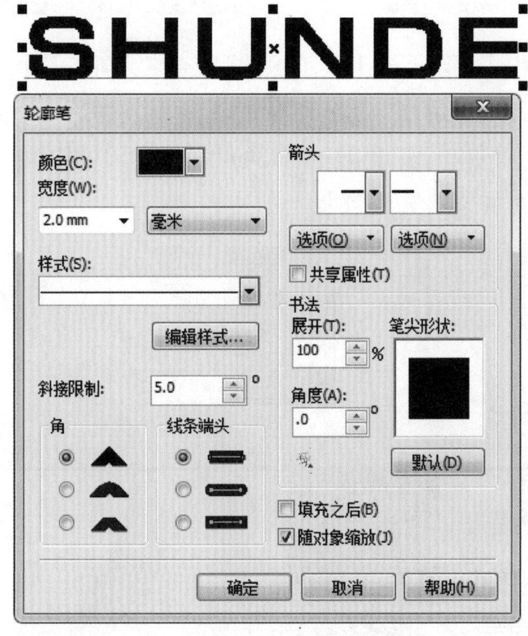

图 1-45　【轮廓笔】对话框

（4）单击工具箱的【文本工具】字，输入“燃气具”，将文字字体设置为“方正大黑简”，按快捷键 Ctrl+Q 转换为曲线，单击工具箱的【矩形工具】，在“燃”字修剪的位置画出一个小长方形，按住 Shift 键加选“燃”字，单击属性栏的【修剪】进行修剪，如图 1-46 所示。按住 Shift 键分别单击 SHUNDE 和 Gas Appliances 文字，按 L 键进行左对齐，用同样方法，使 SHUNDE 和“燃气具”右对齐。组合效果如图 1-47 所示。

燃气具

图 1-46　文字修剪效果 2

SHUNDE
Gas Appliances 燃气具

图 1-47　文字组合效果

技巧提示：项目三是执行菜单栏的【修剪】命令进行，该项目用的是快捷键和属性栏的方式进行修剪，使用快捷键的方法是设计公司常用的。

（二）填充颜色

(1) 选中绘制的标志图形，单击工具箱中的【填充工具】的小三角形，选择下拉菜单中的【渐变填充】命令，弹出对话框，设置如图 1-48 所示。然后选中【自定义】单选按钮设置渐变度深蓝色(C：80，M：9，Y：2，K：0)、浅蓝色(C：57，M：2，Y：4，K：0)、蓝色(C：53，M：2，Y：7，K：0)。渐变效果如图 1-49 所示。

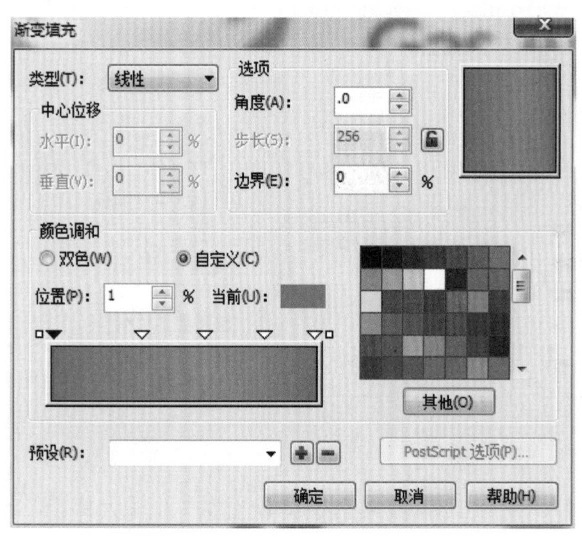

图 1-48　颜色设置 1

图 1-49　标志图形的渐变效果 1

(2) 选中要填充的图形，单击工具箱中的【填充工具】的小三角形，选择下拉菜单中的【渐变填充】命令，弹出对话框，选中【自定义】单选按钮设置渐变参数为(C：30，M：4，Y：9，K：0)、(C：39，M：2，Y：6，K：0)、(C：53，M：2，Y：7，K：0)，设置如图 1-50 所示。渐变效果如图 1-51 所示。

(3) 选中绘制的火焰部分，单击工具箱中的【填充工具】的小三角形，选择下拉菜单中的【均匀填充】命令，弹出对话框，将颜色填充为(C：2，M：58，Y：95，K：0)，把鼠标移到调色板的☒处并右击，取消轮廓线填充，如图 1-52 所示。组合效果如图 1-53 所示。

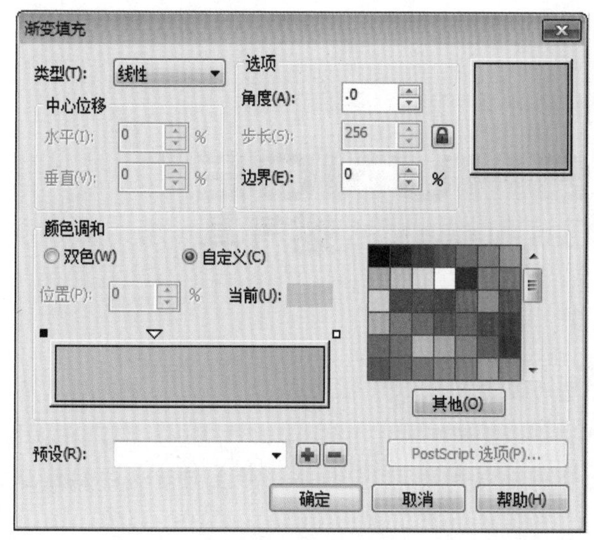

图 1-50　颜色设置 2

图 1-51　标志图形的渐变效果 2

图 1-52　取消轮廓线

图 1-53　标志图形的组合效果

（4）选中所有英文字体，单击工具箱中的【填充工具】的小三角形，选择下拉菜单中的【均匀填充】命令，弹出对话框，将颜色设置为(C：96，M：54，Y：2，K：0)。单击【确定】按钮填充；用同样方法填充中文字体，颜色设置为(C：75，M：72，Y：73，K：37)，按快捷键 Ctrl＋S 保存到所建立的文件夹。标志效果如图 1-54 所示。

链接设计师：①要养成边作图边保存文件的习惯，一开始就要建立文件夹，以便管理；②标志字体的设计既要有特点，也要注意不可偏离字体本身的结构，最好的方法是在

图 1-54　最终效果

原来的字形基础上做些小变化；③标志的设计有 1～2 个记忆点就可以了，表现越复杂就越显得无力。

课堂链接： 先让学生根据之前的资料进行制作，做完后再让学生回看这些制作会有什么不同，以便从中受到启发。

项目五　广州赢联亨通公司标志设计

一、项目背景

该项目是校企合作企业凌羽品牌设计公司让学生工作室进行设计的，公司按社会竞标的方式给予学生奖励，一共有 15 件入选方案，最终企业敲定了如图 1-55 所示的方案为中标设计。因该企业主要是经营手机配件，所以设计中既要有"现代感"，又要体现行业特征、视觉效果等，标志的中英文组合设计把这两点都体现得比较好。

本项目的操作视频请扫描下面的二维码。

图 1-55　赢联亨通公司标志

二、工作目标

让学生真刀实枪参与到企业的项目制作中，体验设计带来的效益和现实，先从小部分开始，以点带面，把经验和做法再慢慢延伸，这也是教学实践中的一种尝试。

三、工作时间

工作时间为 6 课时。

四、分配任务

把该项目打印出来，每人 1 张，要求按照彩色稿对照做出来，在“做中学，学中做”，教师在课堂巡堂指导。

五、工作步骤

（一）绘制图形轮廓

（1）单击工具箱中的【椭圆工具】（或按快捷键 F7），按住 Ctrl 键画出一个正圆形，在调色板中选中灰色（K：50％）并右击，改变轮廓颜色，如图 1-56 所示。

（2）选择圆并右击，在弹出的对话框中选择【锁定对象】，单击工具箱中的【3 点曲线工具】（根据个人喜好或使用快捷键选择不同的绘制方法），在圆上找一点，按住鼠标拖动至合适位置后再释放，此时可以调整绘制出线的弧度，如图 1-57 所示。

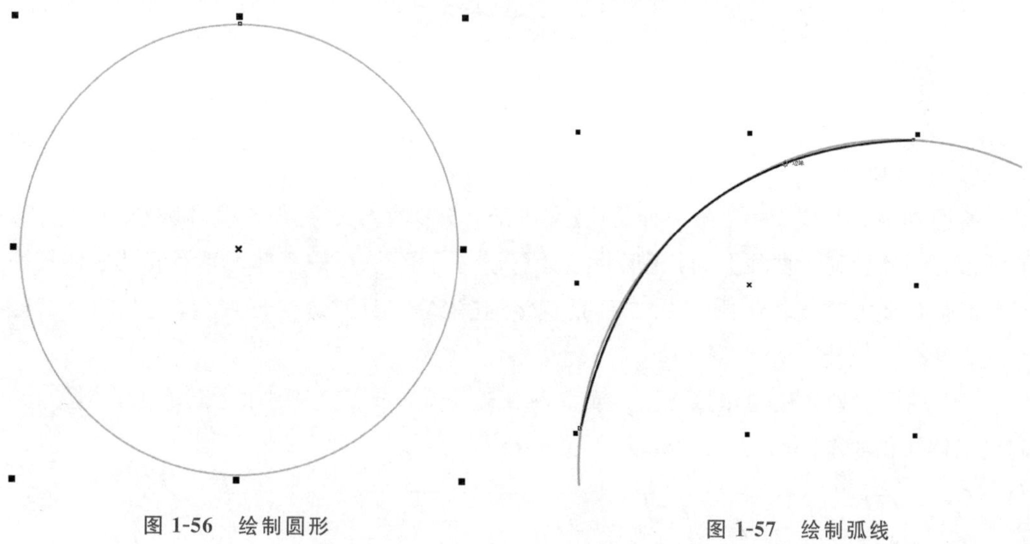

图 1-56　绘制圆形

图 1-57　绘制弧线

（3）用相同方法绘制其余的线条并与之连接成闭合线图形，如图 1-58 所示。接着绘制其他 3 个闭合线图形，2、3、4 闭合线图形如图 1-59 所示。

（4）单击工具箱中的【形状工具】，在属性栏中分别选择进行细微调整，直至与手稿相似。完成线稿最终效果如图 1-60 所示。

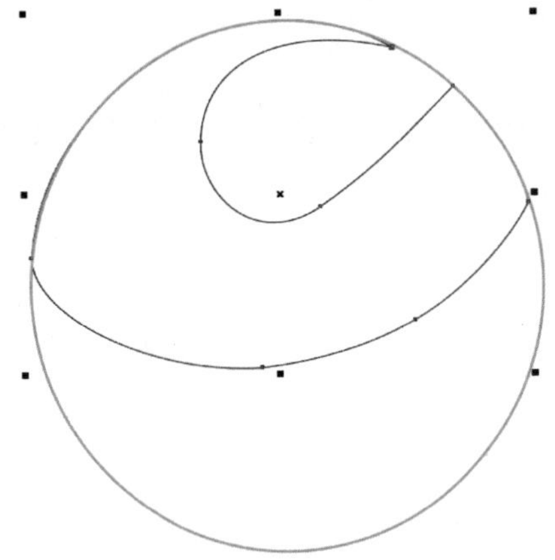
图 1-58　1 闭合图形

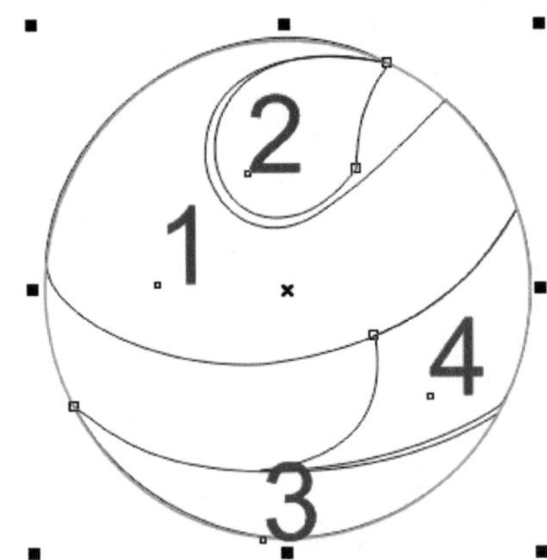

图 1-59　2、3、4 闭合图形

图 1-60　最终线稿

（二）添加文字

有两种方式制作文字：第一种是用【文本工具】输入文字，调整字体大小，右击弹出对话框，选择【转换为曲线】，再用【形状工具】进行调整（所需字体与现有安装字体较为相像时使用此方法比较快捷）；第二种是直接用【钢笔工具】绘制（字体变化较大时使用此方法较为快捷）。

（1）用第二种方法制作接下来的英文标志部分，单击工具箱中的【钢笔工具】，绘制出字体线稿如图 1-61 所示。

图 1-61　线稿绘制

(2) 拉出 3 条基本辅助线，分别放到对应字体要调节的位置(双击辅助线可以调整辅助线的倾斜角度)，如图 1-62 所示。

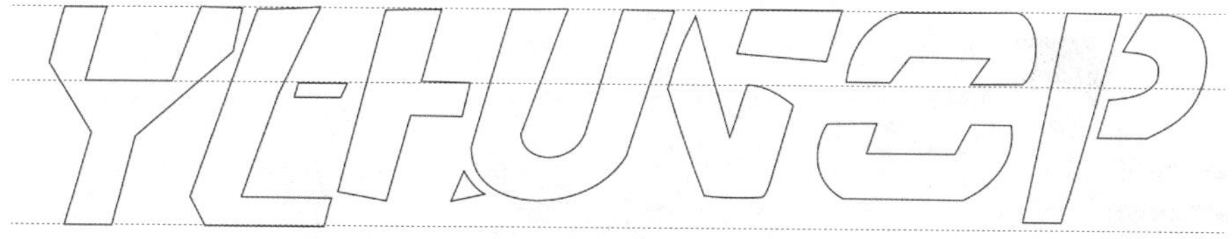

图 1-62　拉出辅助线

(3) 单击工具箱中的【形状工具】对英文标识进行调整，并通过属性栏的进行辅助细微调整。调整后效果如图 1-63 所示。

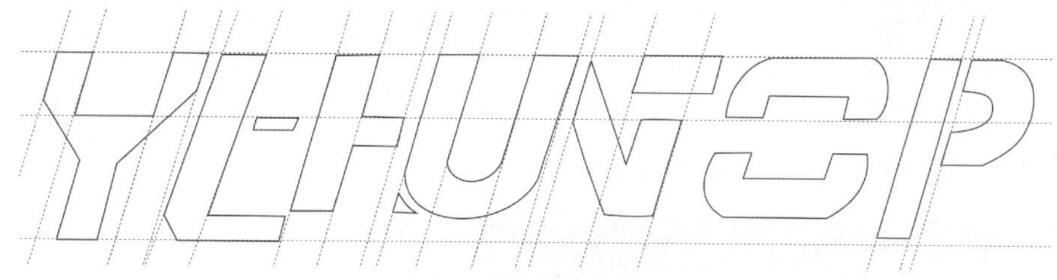

图 1-63　英文文字调整后效果

(4) 绘制中文标志部分。选择工具箱中的【文本工具】，输入“赢联亨通”文字，字体选用“方正综艺简体”，如图 1-64 所示。

赢联亨通

图 1-64　输入字体

(5) 单击工具箱中的【选择工具】选择文字，按快捷键 Ctrl+G 把字体转为曲线，单击工具箱中的【形状工具】对文字进行调整。调整后效果如图 1-65 所示。

赢联亨通

图 1-65　中文文字调整后效果

(6) 框选文字并右击，在弹出的对话框中选择【拆分曲线】命令，执行菜单栏中【排列】|【造形】|【焊接】命令，弹出对话框如图 1-66 所示。单击【焊接到】按钮，相应的文字焊接效果如图 1-67 所示。

图 1-66 【造形】对话框 2

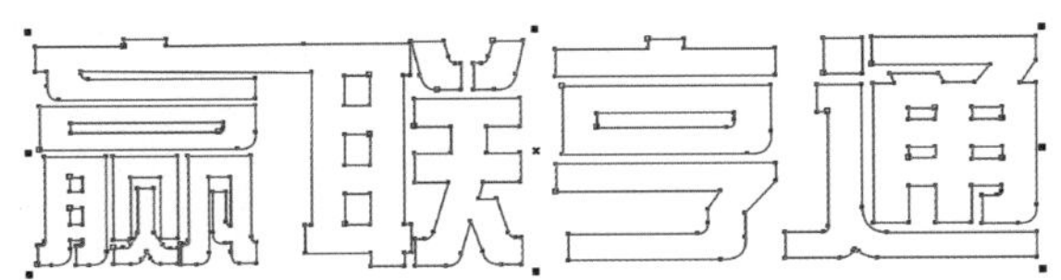

图 1-67 中文文字的焊接效果

（三）填充颜色

(1) 选中标志的第一部分填充，单击工具箱中的【填充工具】，弹出【渐变填充】对话框，填充参数设置如图 1-68 所示，橙色参数为(C：0，M：60，Y：100，K：0)、黄色参数为(C：0，M：0，Y：100，K：0)，单击【确定】按钮，填充效果如图 1-69 所示。

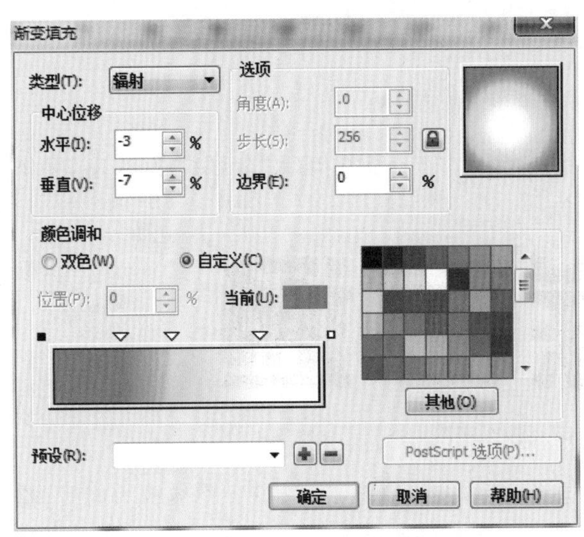

图 1-68 填充参数

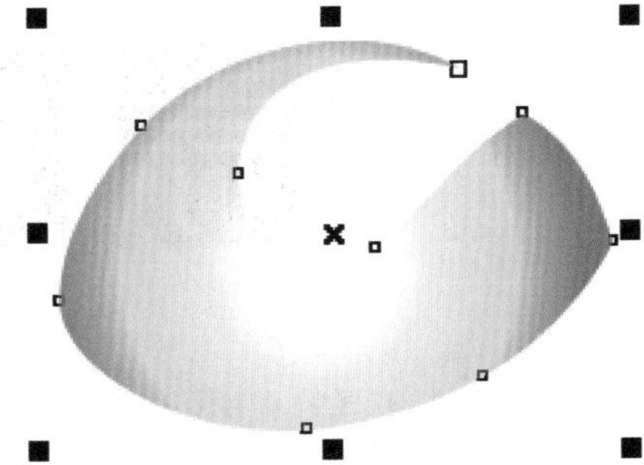

图 1-69 公司标志图形的填充效果 1

(2) 选中第二部分，单击工具箱中的【填充工具】，弹出【渐变填充】对话框，填充参数设置如图 1-70 所示，蓝色参数为(C：75，M：34，Y：0，K：0)、黑色参数为(C：0，M：0，Y：0，K：100)，单击【确定】按钮。填充效果如图 1-71 所示。

(3) 单击工具箱中的【填充工具】，填充，选择【渐变填充】，填充参数设置如图 1-72 所示。其中第一个黑色小三角形的 CMYK 颜色分别为(C：82，M：51，Y：0，K：0)，中间白色小三角形的 CMYK 颜色为(C：100，M：0，Y：0，K：0)，最右边的白色正方形 CMYK 的颜色分别为(C：78，M：40，Y：0，K：0)，最左边的白色正方形 CMYK 的颜色分别为(C：0，M：0，Y：0，K：100)。填充效果如图 1-73 所示。

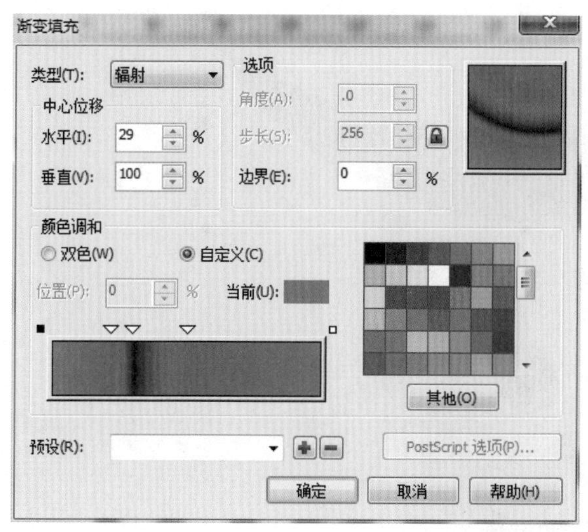

图 1-70 【渐变填充】对话框 4

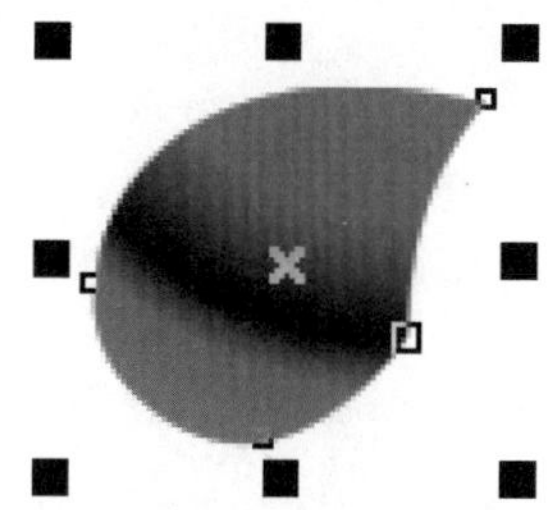

图 1-71 公司标志图形的填充效果 2

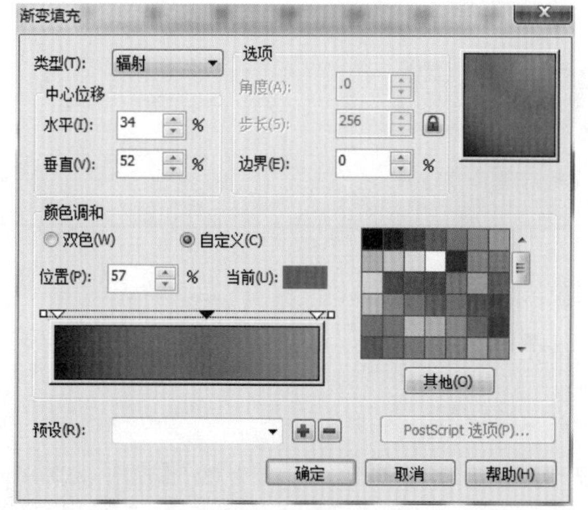

图 1-72 填充参数设置

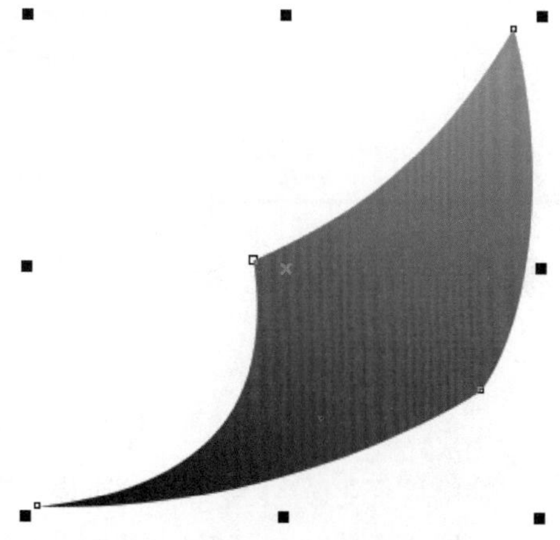

图 1-73 公司标志图形的填充效果 3

(4) 选中最后一部分填充,单击工具箱中的【填充工具】,选择【均匀填充】,输入颜色参数为(C:0,M:66,Y:100,K:0),填充效果如图 1-74 所示。

(5) 选择标志英文 Y,单击工具箱中的【填充工具】,选择【均匀填充】,输入颜色参数为(C:66,M:100,Y:0,K: 0),用相同方法为标志剩余的英文部分填充颜色参数为(C:100,M:0,Y:0,K: 0)。选择中文字体填充,颜色参数为(C:82,M:49,Y:0,K:0)。最终效果如图 1-75 所示。

(6) 按快捷键 Ctrl+S 保存文件到指定文件夹,并按客户要求制成 PPT 文件上交。

链接设计师:一般情况下,设计公司提供给企业的前期设计方案是以 PPT 的形式将设计理念与企业理念整合展示。

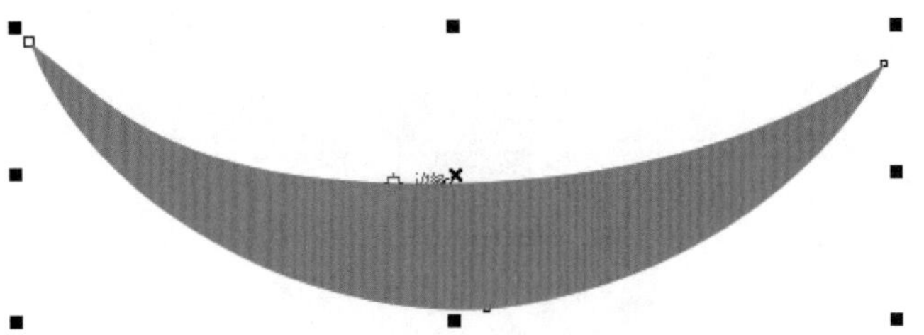

图 1-74　公司标志图形的填充效果 4

图 1-75　公司标志的最终效果

项目六　“哥尼迪”标志设计

一、项目背景

接触该企业时，了解到哥尼迪是一家专注于家具五金产品自主研发的创新型企业，由一班志同道合的“80 后”“90 后”团队组成，已做得相当成功。KOLITY 是“质量”的英文单词 Quality 的谐音，在设计中以哥尼迪 KOLITY 进行构思，意味着贯穿哥尼迪的整个发展历程最重要的元素——质量是企业的核心。同时，还将标志中的 I 设计为液压阻尼铰链中液压阻尼油缸的形象，意味着团队永远不忘创始时的核心产品液压阻尼铰链，这也是企业的一种精神。如图 1-76 所示。

哥尼迪KOLITY

图 1-76　哥尼迪标志

二、工作目标

这是设计公司为企业制订的一套比较规范的设计方案，选择标志这部分让学生更全面地了解标志的设计规范、制作要领与方法要求，设计本身是没有唯一标准的，但有行业的一些规范，通过了解行业规范也使学生学会更多。

三、工作时间

工作时间为 3 课时。

四、分配任务

把该项目打印出来，每人 1 张，要求按照彩色稿对照做出来，在“做中学，学中做”，建议教师在工具箱【标注】的使用以及设计规范要求做示范和讲解。

五、工作步骤

（一）绘制图形轮廓

（1）该标志设计是中英文组合，所以在制作中要想好用哪种方法效率较高。这里采用的是字体调整的方法，首先选择工具箱的【文本工具】字，输入“哥尼迪”中文字体，再找出与构思差不多的字体（这里用的是综艺体），颜色填充为无色，如图 1-77 所示。

图 1-77　字体效果

（2）以“哥”字为例，框选文字，按快捷键 Ctrl＋Q，把文字转换为曲线，在标尺栏中拉出几条辅助线放到相应的地方，单击工具箱中的【形状工具】进行修改，以双击增加节点的方式对圆弧的角进行修改，弧角修改如图 1-78 所示。单击弯的线并选择属性栏的，把弧线调整为直角。调节后效果如图 1-79 所示。

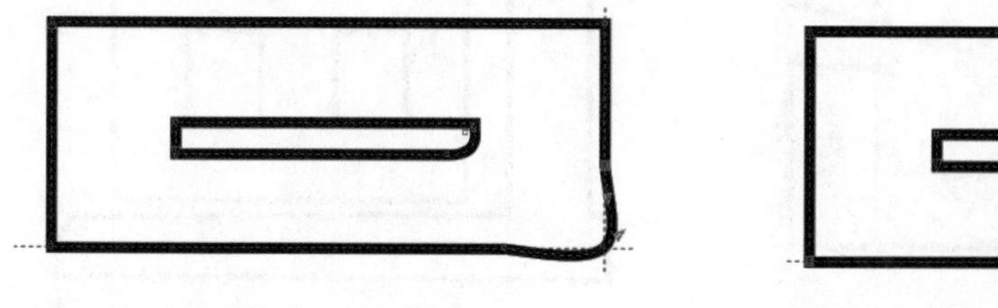

图 1-78　弧角修改

图 1-79　调节后效果

(3) 单击工具箱中的【矩形工具】绘制出两个矩形，再移动到要修剪的位置，先选择"矩形"，按住 Shift 键加选被修剪对象，单击属性栏的按钮进行修剪，修剪效果如图 1-80 所示。

(4) 选择"尼"字，边角的地方用上面去边角的方法调为直角，单击工具箱中的【矩形工具】绘制出两个矩形，再移动到要修剪的位置进行修剪，修剪效果如图 1-81 所示，在工具箱中单击【形状工具】，调整，并用【矩形工具】在画出宽度相应的矩形，选择【排列】|【造形】菜单命令，在弹出的对话框中选择【焊接】选项，单击【焊接到】按钮，效果如图 1-82 所示。

(5) 采用同样的方法制作出"迪"字，效果如图 1-83 所示。

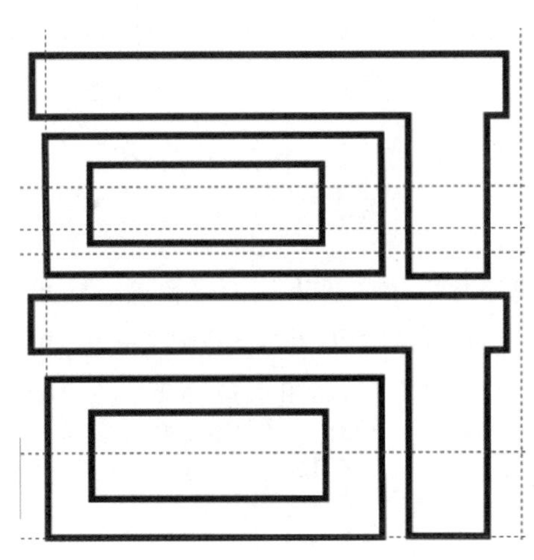

图 1-80 "哥"字的修剪效果

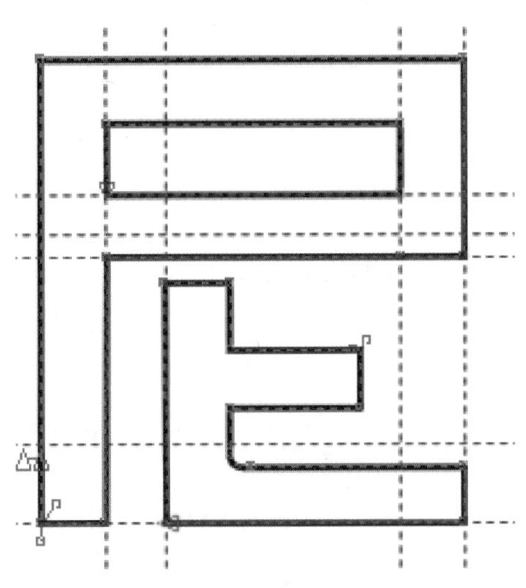

图 1-81 "尼"字的修剪效果

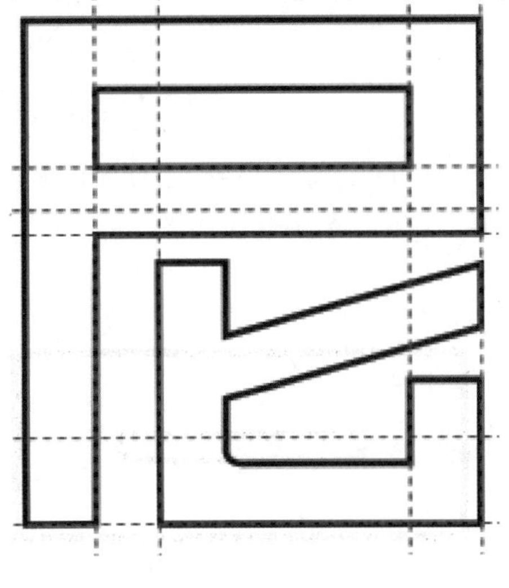

图 1-82 "尼"字的焊接效果

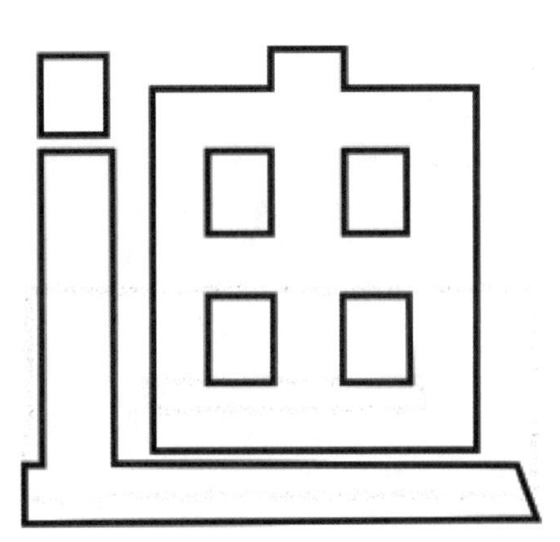

图 1-83 "迪"字效果

(6) 按快捷键 Ctrl+S 保存文件到指定的文件夹。

课堂链接:这几个步骤比较接近,且重复的操作比较多,可起到举一反三的作用,在制作时要拉好辅助线,这一步不可马虎;否则后面将会花很多时间修正。同时,第(5)步没有具体地介绍详细步骤,目的也是考查学生对上面知识点的理解和运用贯通能力。在这一步教师可根据情况进行提醒。

(二) 填充颜色

(1) 根据标志设计规范,制作标志尺寸图。单击工具箱中的【测量工具】,标注方法是,在标注线的起点单击并拖动到第二点松开,完成操作,然后右击选择快捷菜单中的【拆分尺度】命令,如图 1-84 所示。最后对具体单位进行编辑,将 mm 改为代表单位数的 px,以同样方法对对象的横竖尺寸进行标注。

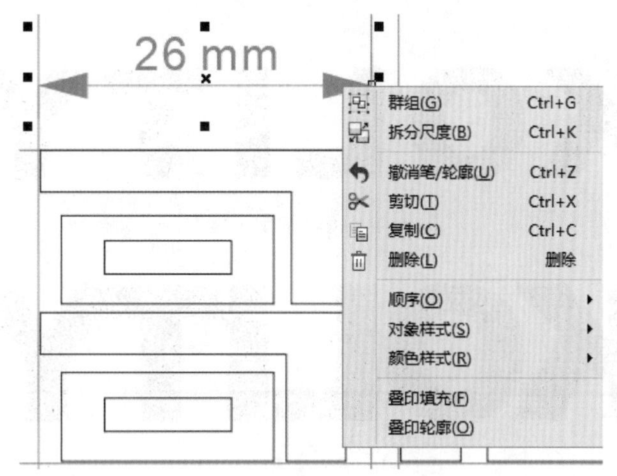

图 1-84 选择【拆分尺度】命令

技巧提示:标注的箭头形式、线条粗细和文本位置等,都可以通过属性栏进行调整,但一般都要按照国内的使用标准和习惯进行标注。

(2) 框选绘制的标志图形,单击工具箱中的的小三角形,选择下拉菜单中的【均匀填充】命令,弹出对话框,将其填充为绿色(C:90,M:45,Y:100,K:5),右击调色板的按钮,取消轮廓线填充。最终效果如图 1-85 所示。

(三) 英文部分制作

(1) 单击工具箱中的【字体工具】,单击空白处,输入 KOLITY,在字体选项中找出相似的字体,如图 1-86 所示。

(2) 单击选中文字,选择工具箱中的【形状工具】,拖拽右下角按钮调节字体之间的间距。调节后的效果如图 1-87 所示。

(3) 单击标尺不放拖拽出辅助线,斜线倾斜 57°。框选文字,按快捷键 Ctrl+Q,转换为曲线,单击工具箱中的【形状工具】进行修改,调整节点到辅助线交集上。调节后的效果如图 1-88 所示。

26px
22px
28px
23px

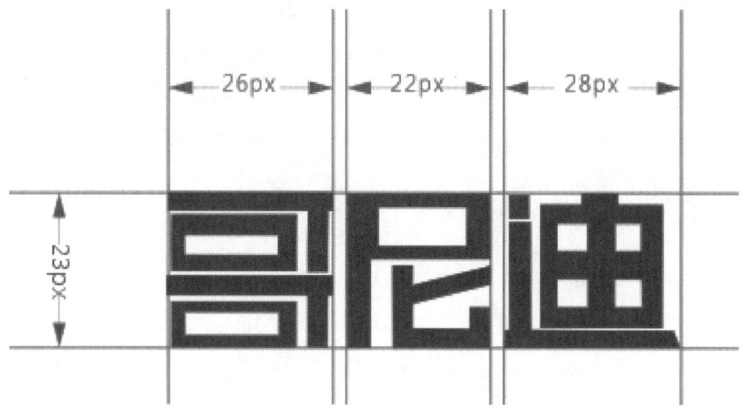

图 1-85　中文文字填色后效果

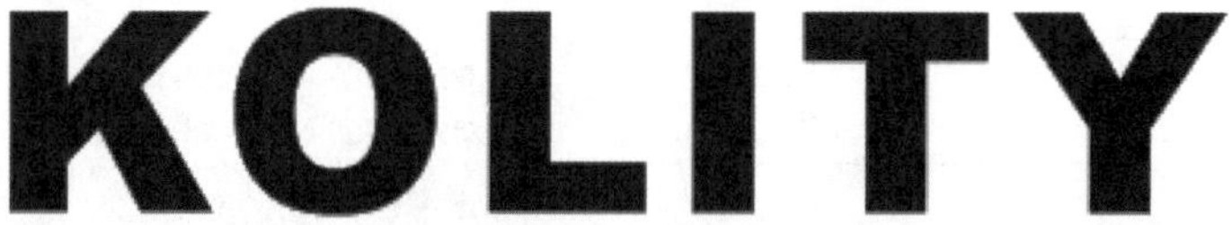

KOLITY

图 1-86　英文文字字体图

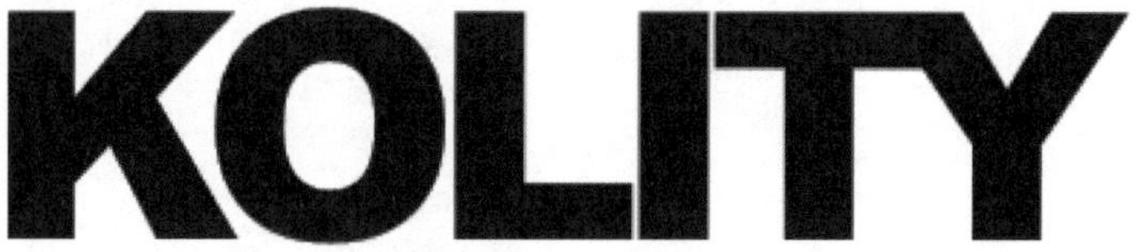

KOLITY

图 1-87　英文文字字体调节

KOLITY

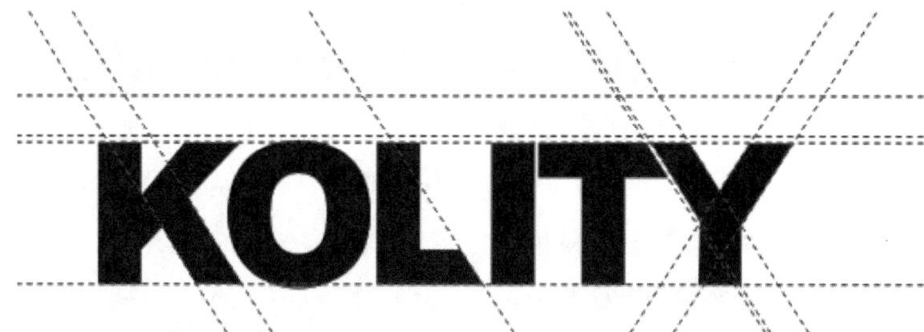

图 1-88　英文文字调节效果

(4) 因字母 O 是椭圆形,影响整体美感,所以此时单独对字母 O 进行调整。右击该文字,选择快捷菜单中的【打散曲线】命令,删除英文 O 部分,单击工具箱中的【圆形工具】,按住 Ctrl 键画出一个正圆,正圆直径控制在两条横向辅助线之间。然后再制造一个约为上一个正圆半径 2/3 的小正圆,把两个正圆堆叠调整完美。先单击小圆,按住 Shift 键单击大圆,单击属性栏中的【修剪】,修剪出新的字母 O。最后把小正圆拖拽出来删除。完成后得到新字母 O,和原字母排列好,如图 1-89 所示。

图 1-89 修剪后效果

(5) 围绕字母 I 拖拽出辅助线，单击工具箱中的【矩形工具】，根据辅助线作出矩形，完成字母 i 的点的造型。效果如图 1-90 所示。

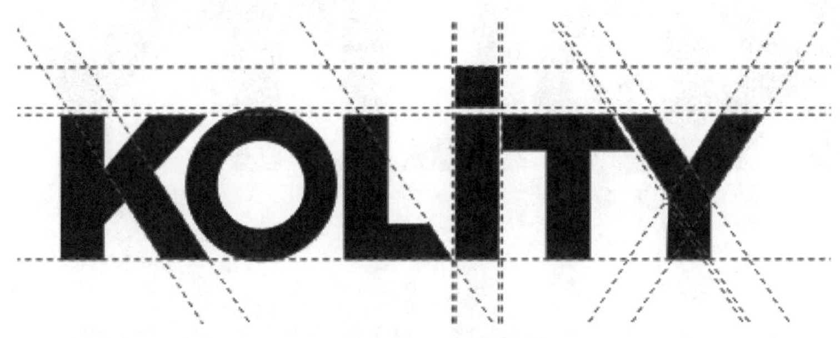

图 1-90 效果图

(6) 制作字母 i 的点的内部效果，先勾选【视图】中的【动态辅助线】，然后单击工具箱的【手绘工具】，通过动态辅助线捕捉角度和位置，画出左手边的形状，按键盘上的＋键复制，单击属性栏中的按钮水平镜像，按住 Shift 键单击刚创建的"点"，按键盘上的 R 键右对齐；接下来用同样方法制作点内部上面部分，按键盘上的＋键复制，单击属性栏中的按钮垂直镜像，按住 Shift 键单击刚创建的"点"，按键盘上的 B 键底部对齐。制作过程及效果如图 1-91 所示。

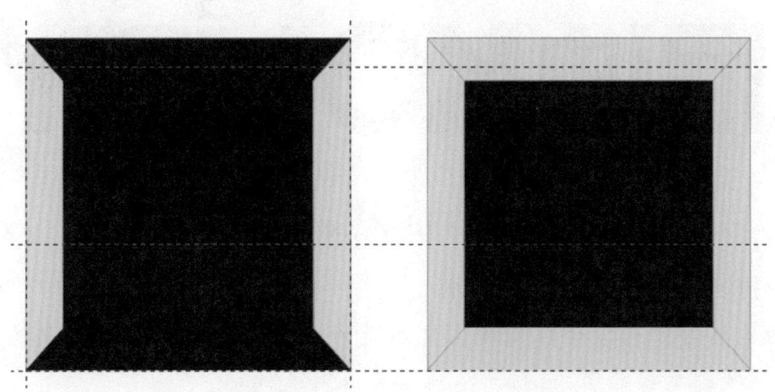

图 1-91 点的制作过程及效果

技巧提示：对所创建的标志图形最好要先去掉轮廓线填充，这样动态辅助线的捕捉会比较准确，“点”内部的结构所画的线是45°，鼠标放到相应的位置时会自动捕捉。

（四）填充英文字体颜色

选择绘制的英文图形，填充的灰色为(C：0，M：0，Y：0，K：80)，单击工具箱中的【填充工具】的小三角形，选择下拉菜单中的【渐变填充】命令，单击点的左边，填充类型为线型，双色填充从K100到白色，角度为－90°；右边的做法与此相同，只是角度改为90°；顶面的双色填充从K30到白色，角度为－90°，底面双色填充从K100到K80，角度为－90°，中间的点填充的绿色为(C：90，M：45，Y：100，K：5)。填充效果如图1-92所示。

图1-92　英文文字的填充效果

（五）中英文字体组合

(1) 创建图纸。单击工具箱中的【表格工具】，然后在属性栏的左上方出现横纵方格数值，调整为25 25，单击并拖拽出方形网格。属性栏调整为 边框: .2 mm，右击选择【锁定对象】。

将之前做好的中文和英文缩放调整好群组后复制在图纸上，如图1-93所示。

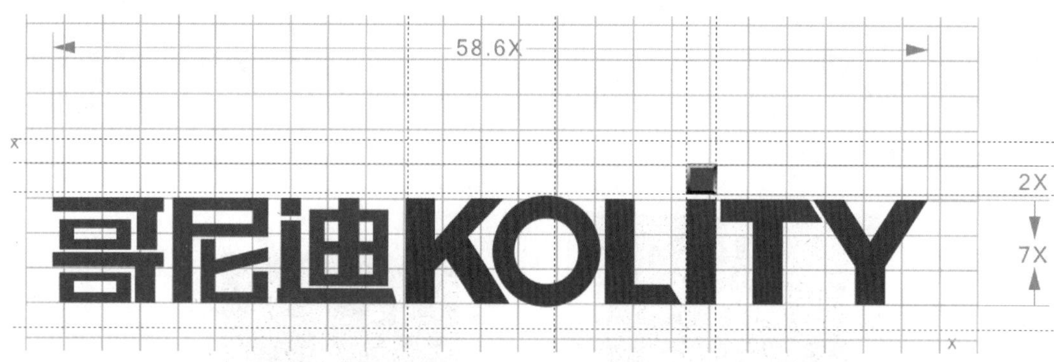

图1-93　图纸制作

(2) 按快捷键Ctrl+S保存文件到指定文件夹，并按客户要求制成PPT文件上交。

课堂链接：总结标志设计的几种制作规范和要求，结合PPT课件讲述设计制作流程，并布置下一节课的安排。

项目七 360 装饰标志设计

一、项目背景

该标志要求比较简单，客户是一位刚从室内设计公司出来的中年创业者，业务主打简装，对装饰材料和施工等服务提供 360°全方位的服务，秉持为梦想而生的创业理念，只要求设计公司能比较直观地体现出“360”，并要加上一些设计的元素。针对客户的要求，按社会竞标的形式作为项目交给全班学生做，然后选出这个最佳方案，如图 1-94 所示。

图 1-94 360 装饰标志

二、工作目标

该设计制作并无难度，重点是让学生了解不同客户对设计的要求，作为知识点的回顾和放松练习，特别是对速度和表现的准确度有更高的要求，教师可以组为单位，看哪组做得又快又好。

三、工作时间

工作时间为 3 课时。

四、分配任务

把该项目打印出来，每人 1 张，以组为单位进行竞赛，看哪组做得又快又好。教师可根据具体情况给予相关奖励，如加平时分或德育分等形式。

五、工作步骤

（一）绘制图形轮廓

(1) 单击工具箱中的【圆形工具】，按住 Ctrl 键画出正圆，框选圆形，单击工具箱中的【轮廓笔】，调整圆的粗细(也可以通过属性栏进行调整)，这里的粗细选24点，如图1-95所示。按键盘上的+键，复制3个圆，框选所有图形并按键盘上的B键，进行底部排列对齐，如图1-96所示。

图1-95　360装饰标志线稿1

图1-96　复制后图形

(2) 框选所有圆，执行菜单栏中的【排列】|【将其轮廓转换为对象】命令。框选中间的圆，按键盘上的←键将中间的圆平移到与第一个圆相交的地方，如图1-97所示。按住Shift键分别单击中间和相交的圆，单击属性栏中的按钮进行修剪，再将中间圆向右平移到与第三个圆相交处，如图1-98所示。框选右边的两个圆，执行菜单栏中的【排列】|【造形】|【焊接】命令使两个圆连接起来。

图1-97　相交图形

图1-98　焊接后图形

(3) 单击工具箱中的【矩形工具】，画出一个矩形放在焊接圆的中间，把矩形填充颜色，框选两个圆和矩形，执行菜单栏中的【排列】|【对齐和分布】|【水平对齐】命令，效果如图1-99所示。按住Shift键分别单击矩形和焊接的圆，单击属性栏中的按钮进行修剪，然后把原来的矩形按Delete键删除，如图1-100所示。

图1-99　修剪

图1-100　修剪后的效果

(4) 因为第一个圆是一个“3”的造形，所以要用勾出“3”的上半部造形与第一个圆结合，单击菜单栏中的【排列】|【造形】|【焊接】命令，把两个图形结合起来，如图1-101所示。单击工具箱中的【矩形】，画出一个大小合适的矩形，放到修剪的地方，并按住Shift

键加选被修剪的对象，单击属性栏中的 按钮进行修剪，并将几个图形组合，如图 1-102 所示。

图 1-101　焊接图形

图 1-102　修剪图形

(5) 单击工具箱中的【手绘工具】，用线画出设计造形，单击工具箱中的【形状工具】，对图形调整成图 1-103 所示，并把它放在中间圆的上面组合成“6”字，如图 1-104 所示。

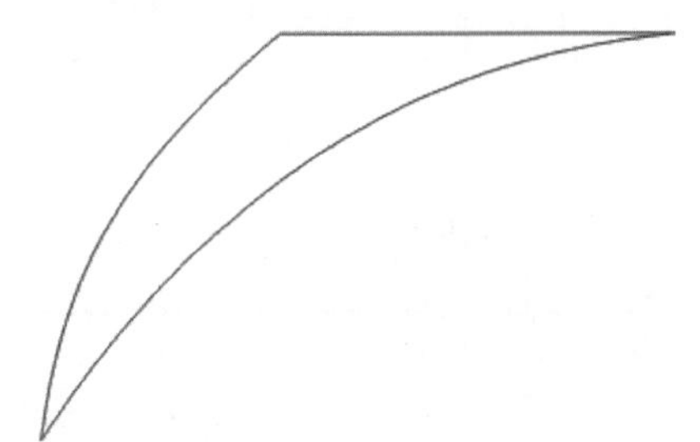

图 1-103　360 装饰标志线稿 2

图 1-104　线稿组合

(二) 填充颜色

(1) 选择填色部分图形，单击工具箱中的【填充工具】的小三角形，选择下拉菜单中的【均匀填充】命令，弹出对话框，将其颜色填充为灰色(C：69，M：62，Y：71，K：15)、蓝色(C：89，M：23，Y：0，K：0)。

(2) 填充颜色后，框选完成的图形，在调色板处，右击☒轮廓线填充，效果如图 1-105 所示。

图 1-105　完成的图形

（3）单击工具箱中的【文本工具】字，输入文字“设计”，选择“时尚中黑简体”，调整文字到合适大小；用同样方法输入文字“装饰广告”，并选择“时尚中黑简体”；输入文字“为梦想而生”，选择“黑体”。调整大小并排列后，效果如图1-106所示。

图1-106 最终效果

（4）按快捷键Ctrl+S保存文件到指定的路径文件夹。

课堂链接：模块一的学习，主要利用案例的规范制作练习，使学生不仅掌握软件工具箱、属性栏和常用工具的使用，还有菜单相关命令的运用，而且主要掌握表示设计制作的各种规范或做法，以使学生课堂所学更好地与企业对接、与市场对接。

模块二

精彩飞扬——文字设计

文字设计是将文字按视觉设计规律加以整体的精心安排，经过精心设计的文字比普通文字更加美观、有特色，更能突出设计主题，在版面中往往起到画龙点睛的作用，或者解读作品或者传递信息。CorelDRAW 的文字处理功能非常强大，不仅能够胜任一般文字输入及编辑工作，还可以为文字添加各种特殊的效果，制作出艺术文字。

经过艺术化设计后，可使文字形象变得情境化、视觉化，强化了语言效果，成为更具有某种特质和倾向性的视觉符号。字体设计最基本的准则是在追求字体变化的同时要便于识别。本模块将以实际案例解读文字设计的相关操作方法的同时，让读者领悟到字体在设计中的作用与效果，感受其中的乐趣与设计规律。

项目一　海报字体设计案例——“青春飞扬”文艺汇演海报

文字既是语言信息的载体，又是具有视觉识别特征的符号系统；不仅表达概念，同时也通过诉之于视觉的方式传递情感。文字设计是现代海报设计中不可分割的一部分，对海报设计的视觉传达效果有着直接影响。通常设计者都是从文字的义、形上进行创意设计，使其产生更加丰富的视觉效果。

下面以学校校园文化艺术节的一张海报为例进行介绍(图 2-1)。因为海报的宣传对象是学生，所以都会偏重选择比较活泼、青春靓丽的颜色为主色调；素材方面可根据主色调和版式的需求进行选择；字体设计方面重点放在艺术节的主题名称上，突出主题，传达含义，增强整个画面的视觉感。

一、工作目标

通过学习该字体制作，主要掌握软件中【文本工具】、【钢笔工具】、【贝塞尔工具】、【填充工具】、【形状工具】、【交互式阴影工具】、【交互式立体化工具】等的使用。

二、工作时间

工作时间为 5 课时。

图 2-1 “青春飞扬”文艺汇演海报效果

三、工作步骤

（一）绘制字体

（1）创建新文件，单击工具箱中的【文本工具】，在属性栏中设置字体为“造字工房版黑常规体”（把素材字体安装在计算机 C：\Windows\Fonts 目录下），在绘制页面中单击，输入“青春飞扬”。按快捷键 Ctrl+K 打散文字。单击工具箱中的【选择工具】选取所有文字，并对文字的大小角度进行调整，如图 2-2 所示。

（2）全选文字并右击，选择快捷菜单中的【转换为曲线】命令，单击“青”字，单击工具箱中的【形状工具】，选择需要变形笔画的节点，按住鼠标并拖动形成变形，如图 2-3 所示。

技巧提示：每一个节点，右击后都有“删除”“添加”“到曲线”“直线”等功能，按照自己的需求进行细节调整。

图 2-2　文本效果

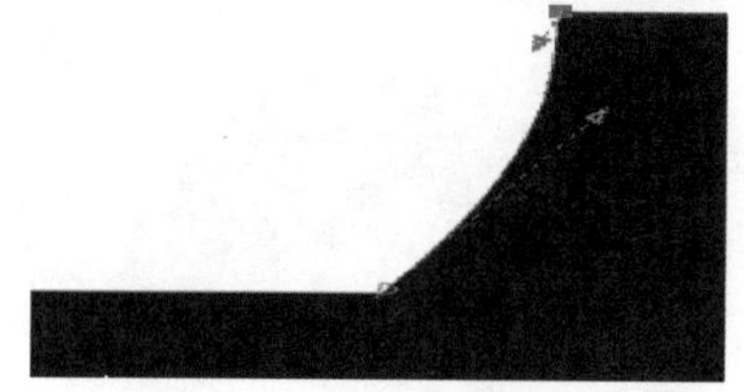

图 2-3　调节节点 1

（3）单击工具箱中的【钢笔工具】，把“春”字的上半部分勾勒出来，如图 2-4 所示。单击工具箱中的【形状工具】，继续进行节点调整。“青春”二字经过节点调整后的效果如图 2-5 所示。

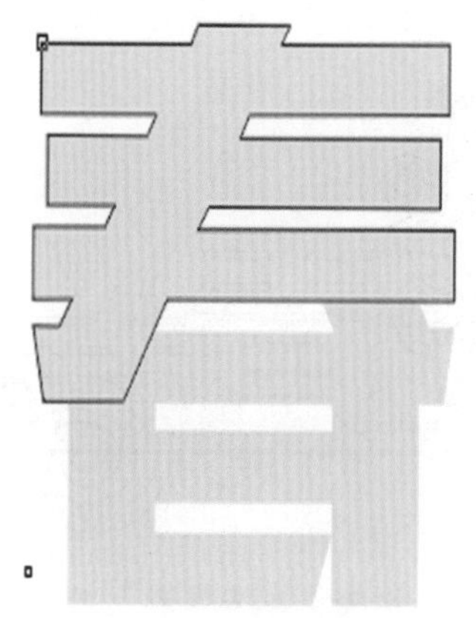

图 2-4　勾线

图 2-5　调节节点 2

（4）按快捷键 Ctrl+I 导入素材 1、2，单击工具箱中的【钢笔工具】，按照素材花纹 1、2 的边缘勾勒，勾勒后单击工具箱中的【选择工具】进行节点调整，形成两个独立图形，如图 2-6 和图 2-7 所示。

图 2-6　勾画图案 1

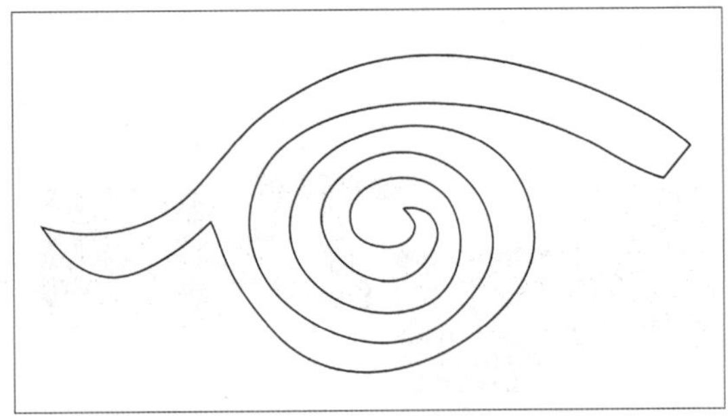

图 2-7　勾画图案 2

技巧提示：在节点调整上，可以选择性删除一些在转弯处的节点，同时也可拉动节点上的箭头来调节弯度，使图案看起来舒服。

(5) 把勾勒好的两个图案分别拖到"青春"二字适合的位置上，然后全选二字，单击属性栏的【结合工具】按钮，让图案与文字融为一体，如图 2-8 和图 2-9 所示。

图 2-8　结合图案 1　　图 2-9　结合图案 2

(6) 使用同样的方法，把"飞扬"二字进行处理。完成"青春飞扬"四字绘制的效果，如图 2-10 所示。

图 2-10　四字组合

（二）添加效果

(1) 全选文字，单击工具箱中的【填充工具】，选择自定义，0 和 3%位置的颜色值为深黄色(C:0,M:20,Y:100,K:0)，78%和终点位置为黄色(C: 0,M: 0,K: 0,Y:100)，角度为 270°，渐变填充和填充效果如图 2-11 和图 2-12 所示。

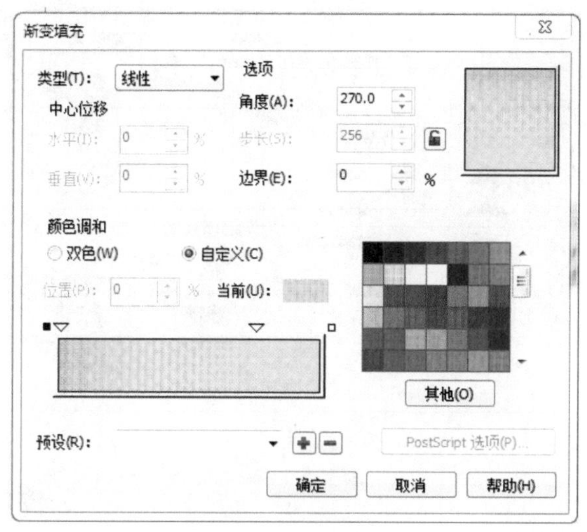

图 2-11 渐变填充

图 2-12 填充效果

(2) 按快捷键 Ctrl+D 复制文字，单击工具箱中的【选择工具】，轮廓笔颜色为天蓝(C:100,M:20)，【宽度】为 1.5mm，【角】选择第二种，如图 2-13 所示。单击【确定】按钮后把轮廓拖到原文字的底下，效果如图 2-14 所示。

(3) 按快捷键 Ctrl+D 复制文字，选择【交互式立体化工具】，在文字上拖动鼠标绘制立体效果(颜色为默认)。在属性栏的类型中选择类型，深度 40 调为 40。再选择【立体化颜色】，使用递减颜色，设置颜色从普蓝色(C:80,M: 6)至深蓝色(C:99,M:89,Y:28,K: 4)。效果如图 2-15 所示。把立体文字拖到合适的位置，按快捷键 Ctrl+PgDn，并整理所有图层的位置，如图 2-16 所示。

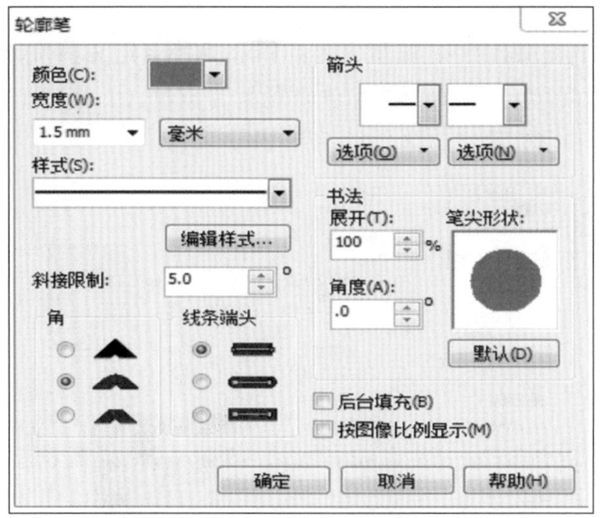

图 2-13 【轮廓笔】对话框 1

图 2-14 轮廓移到文字下层的效果

图 2-15 立体效果

图 2-16 调整效果

(4) 按快捷键 Ctrl+I 导入素材"星星、耳机",并把它们拖动到合适的位置,绘制高光部分。完成最后效果如图 2-17 所示。

图 2-17 文字效果

课堂链接:设计字体有一条最基本的准则,就是在追求字体变化的同时要容易识别,这一点必须要牢记。因为字体经过艺术化设计后,形象发生很大改变,所以一定要能被人识别才有意义。

设计提示:字体设计的基本程序为搜集资料(同类别设计、素材)—精准定位(通过分析进行解析)—开始设计(多样式尝试再选定)—进行优化(根据选定款进行调整)—设计完成。

项目二 海报字体设计案例——音乐会海报

海报设计效果如图 2-18 所示。

本项目的操作视频请扫描下页右侧二维码。

图 2-18　音乐会海报效果

一、工作目标

通过学习该字体制作，主要掌握软件中【文本工具】、【钢笔工具】、【贝塞尔工具】、【填充工具】、【形状工具】、【交互式阴影工具】等的综合运用。

二、工作时间

工作时间为 3 课时。

三、工作步骤

（一）输入文字

（1）在工具箱中选择【文本工具】字，在绘制页面中单击并输入“欢歌乐曲唱响 少年人生”，在属性栏中设置字体为“造字工房力黑”。按快捷键 Ctrl＋Q 将字体转为曲线。对准纵、横坐标轴拖拽出辅助线，初步规划文字纵横笔画的粗细分布，如图 2-19 所示。

欢歌乐曲唱响

图 2-19　排列初步辅助线

(2) 细化辅助线分布。单击选择两条竖直方向的辅助线，然后分别在左上方栏中修改旋转角度为 77.8° 和 282.2°，调整完成后以按快捷键 Ctrl＋D 复制的方式制作更多的斜方向的辅助线。接下来会运用在大部分斜方向笔画的制作中：其中唯有“乐”字用到 65°的辅助线。

为了更精准地制作，需更多的辅助线，每一条辅助线都有各自的定位作用。要边制作边添加辅助线，以免造成混乱，如图 2-20 所示。

图 2-20　边制作边添加必要的辅助线

(3) 修改字形根据辅助线进行细化制作，选中工具箱中的【形状工具】，调整节点到辅助线的交点上。此过程需要耐心操作，做到精确调节节点。其中“歌乐”两字之间笔画是连接在一起的，这时需要把节点调整至如图 2-21 所示。

图 2-21　调整节点准备焊接

(4) 单击字体，在菜单栏中选择【排列】|【造形】|【焊接】命令，完成焊接。同理，调节节点和下方重叠即可焊接。整体经过一番细致调整，效果如图 2-22 所示。

(5) 第二部分字是“少年人生”，按照同上步骤制作出图 2-23 所示文字。

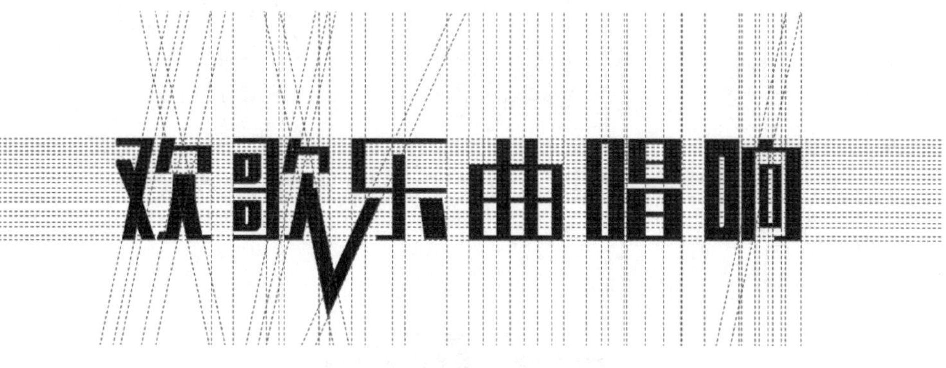

图 2-22　焊接调整

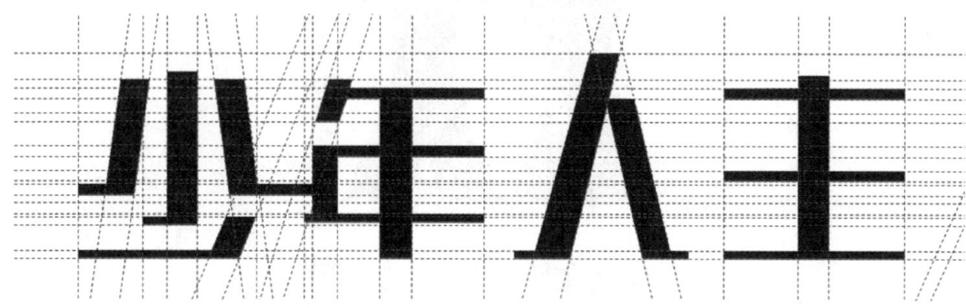

图 2-23　字体调整

(6) 把"年"字连接的部分分离出来,在工具箱中选择【矩形工具】,制作出矩形放在需要裁剪的部分,如图 2-24 所示。

(7) 先选中矩形,再按住 Shift 键选择文字,在菜单栏中选择【排列】|【造形】|【裁剪】命令,完成裁剪后的效果如图 2-25 所示。

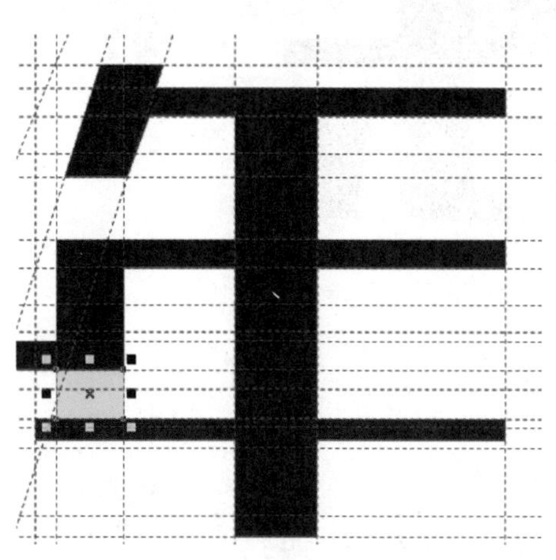

图 2-24　矩形裁剪

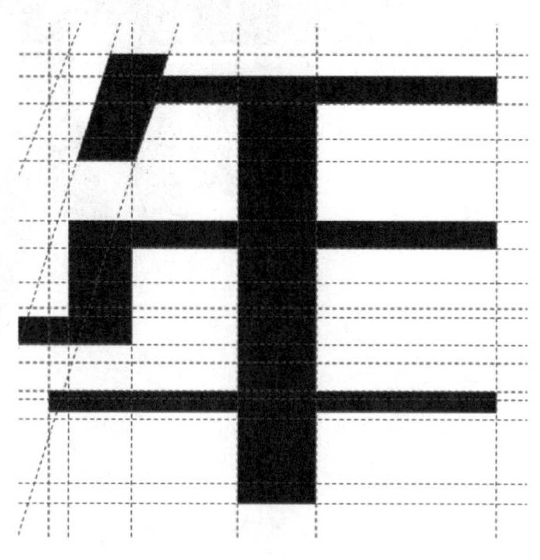

图 2-25　"年"裁剪后的效果

（二）绘制音符与文字组合

(1) 按快捷键 Ctrl+I 导入素材 1、2，用【钢笔工具】按照素材花纹 1、2 的边缘勾勒，勾勒后单击【选择工具】进行节点调整，形成两个独立音符，如图 2-26 所示。

技巧提示：在节点调整上，可以选择性删除一些在转弯处的节点，同时也可拉动节点上的箭头来调节弯度，使图案看起来舒服。

(2) 把勾勒好的图案拖到“生”字适合的位置上，单击【结合工具】按钮，让图案与字体融为一体，如图 2-27 所示。

图 2-26 勾勒音符

图 2-27 “生”字的图字结合

(3) 调整“歌”字造形。在工具箱中选择【形状工具】，框选内部两个“口”并删除，如图 2-28 所示。

(4) 制作两条旋转 77.8°的辅助线于“哥”字偏右方向，如图 2-29 所示。在工具箱中选择【矩形工具】，根据辅助线制作出平行四边形用于裁剪，如图 2-30 所示。

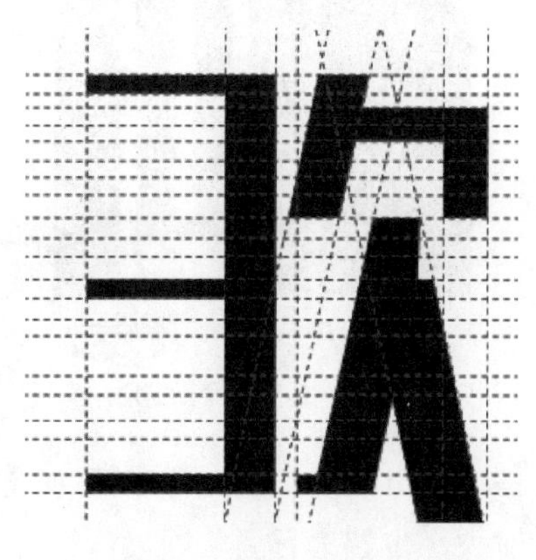

图 2-28 调整“歌”字内部

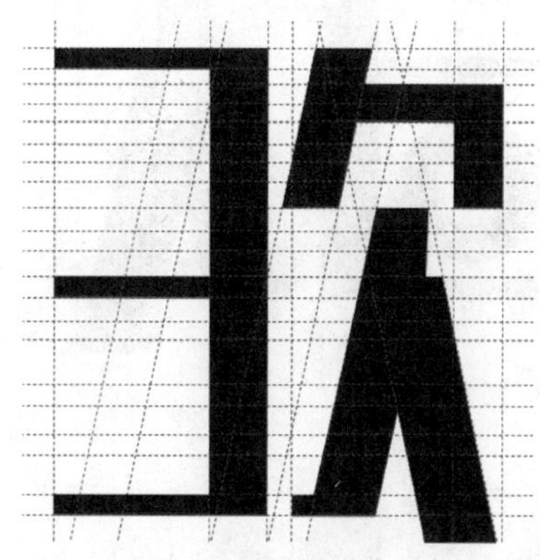

图 2-29 “歌”字裁剪辅助线

(5) 先选中矩形，再按住 Shift 键选择文字，在菜单栏中选择【排列】|【造形】|【裁剪】命令，完成“歌”字裁剪，如图 2-31 所示。

(6) 进行“歌”的造形。将音符拖动到缺口位置，对音符进行缩放调整。下方的“口”字用圆代替，在工具箱中选择【圆形工具】，按住 Ctrl 键创建出两个正圆进行裁剪，调整完成后的效果，如图 2-32 所示。

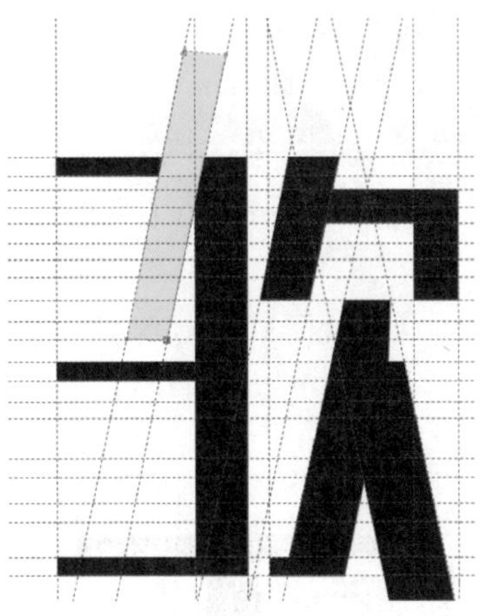

图 2-30 “歌”字矩形裁剪

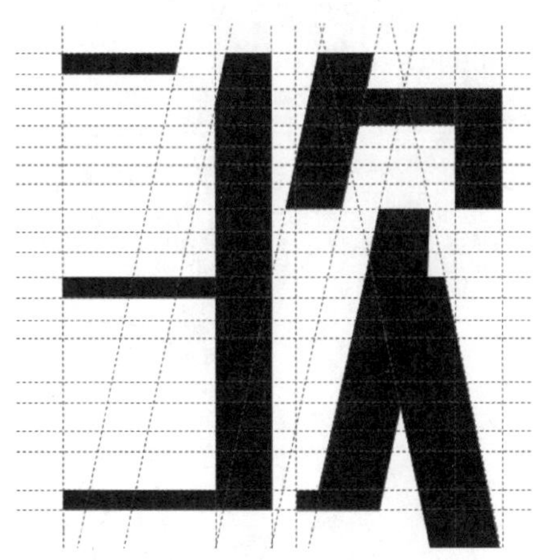

图 2-31 “歌”字裁剪后效果

(7) 调整“响”字。在工具箱中选择【形状工具】，把“口”内部镂空部分线条删除，如图 2-33 所示。

图 2-32 “歌”字成形

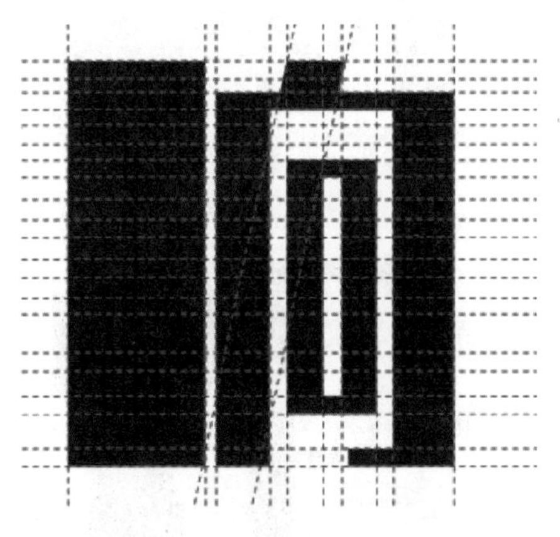

图 2-33 “响”字初步调整

(8) 在工具箱中选择【圆形工具】，按住 Ctrl 键创建出两个正圆进行修剪，如图 2-34 所示。将修剪出来的圆填充白色拖动到“响”中，并对大小位置进行调整，调整完一个位置后可按键盘上的+键复制出多一个圆，拖动新圆的同时按住 Shift 键可控制垂直移动，进行一番调整并裁剪，效果如图 2-35 所示。

(三) 调整整体效果

(1) 对字大小做调整，目的就是把“唱响”和“人生”放大。执行【窗口】|【垂直平铺】和【文件】|【新建】菜单命令新建一个页面。全选“欢歌乐曲唱响”，按键盘上的+键复制并拖拽到新的页面中，在工具箱中选择【裁剪工具】，框选“唱响”两字，如图 2-36 所示。

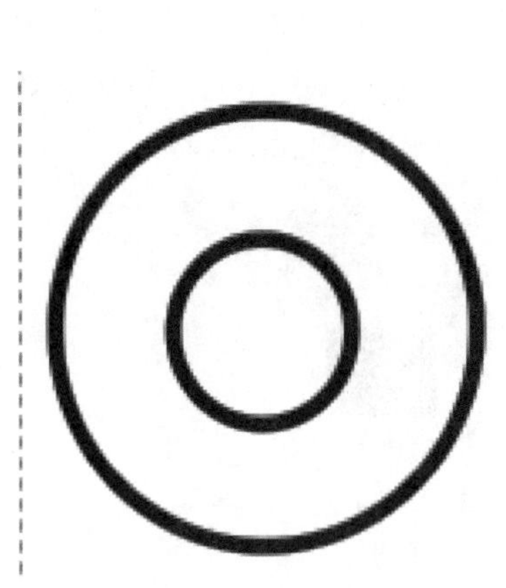

图 2-34 正圆修剪前

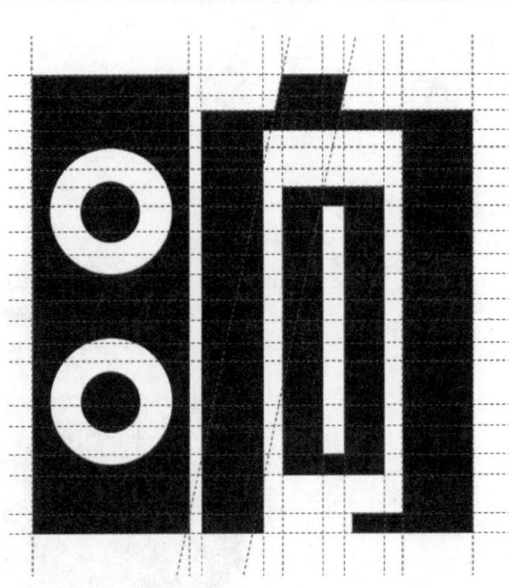

图 2-35 “响”字成形

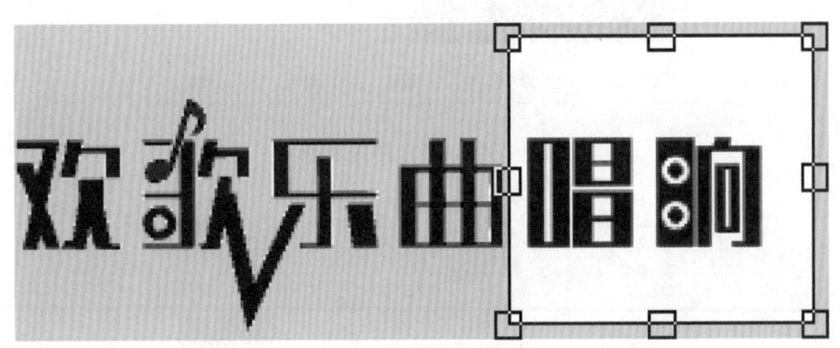

图 2-36 单独裁剪“唱响”

(2) 框选后双击框选内空间，这时只会剩下“唱响”两字。放大字体，按键盘上的＋键或直接拖拽这两个字回原文件窗口。接下来在工具箱中选择【形状工具】，单击“欢歌乐曲唱响”，框选“唱响”两字，按住 Delete 键删除。拖拽出辅助线，将单独一组的“唱响”两字补上并调整大小位置。“人生”两字可直接框选放大，将全部字体焊接。组合效果如图 2-37 所示。

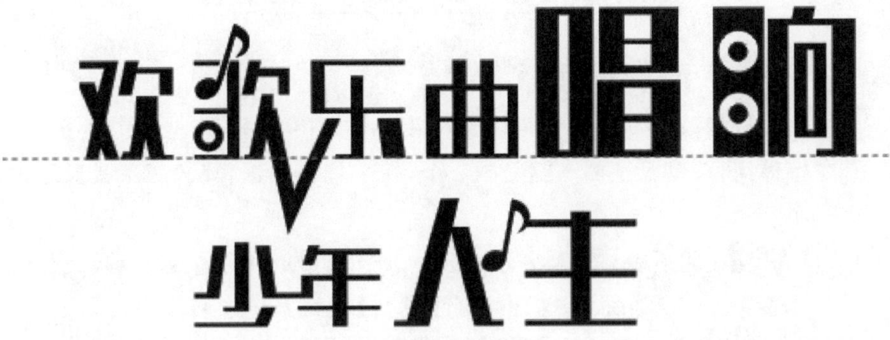

图 2-37 整体效果

（四）填充颜色

（1）选中绘制的标志图形，单击工具箱中 的小三角形，选择下拉菜单中的【渐变填充】命令，弹出对话框，将其颜色填充为深蓝色（C：82，M：96，Y：0，K：0）和粉色（C：7，M：100，Y：0，K：0），如图 2-38 和图 2-39 所示。

图 2-38　填充为深蓝色

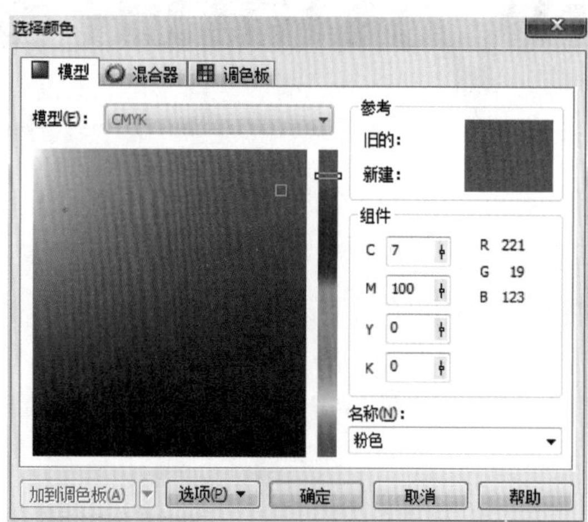

图 2-39　填充为粉色

（2）对文字需要修改的部分进行调整。效果如图 2-40 所示。

（3）选中字体组，按键盘上的＋键复制一个，在工具箱中选择【轮廓工具】，选择轮廓笔，如图 2-41 所示。

（4）单击【确定】按钮后字体变黑，按快捷键 Ctrl＋PgDn 将粗轮廓下移一层。为了能把轮廓填充为渐变效果，需要在菜单栏中执行【排列】|【将其轮廓转换为对象】命令，在工具箱中选择【渐变填充】，如图 2-42 所示，效果如图 2-43 所示。

欢歌乐曲唱响
少年人生

图 2-40　完成效果

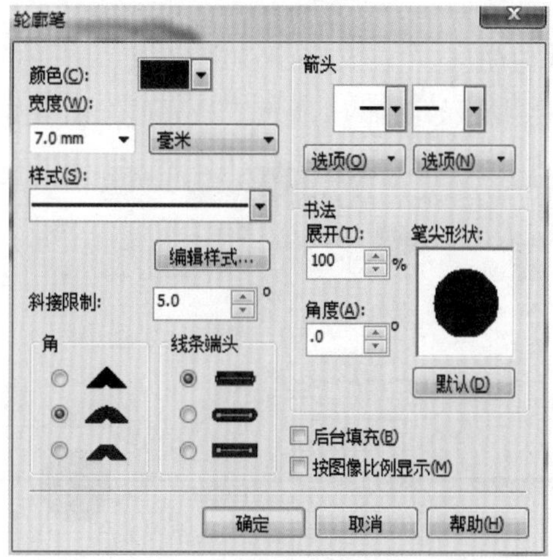

图 2-41　【轮廓笔】调整 1

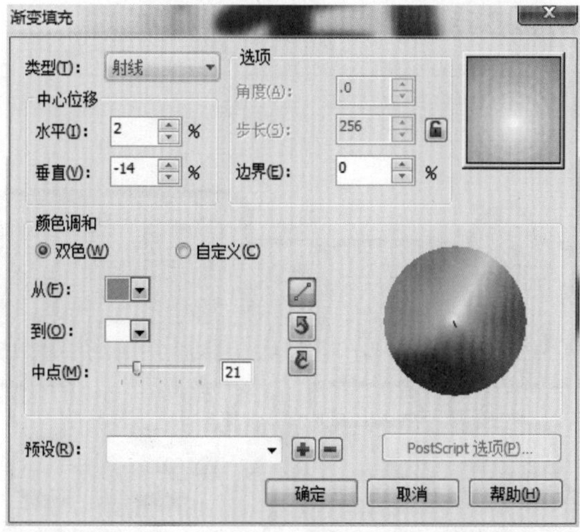

图 2-42　轮廓渐变填充

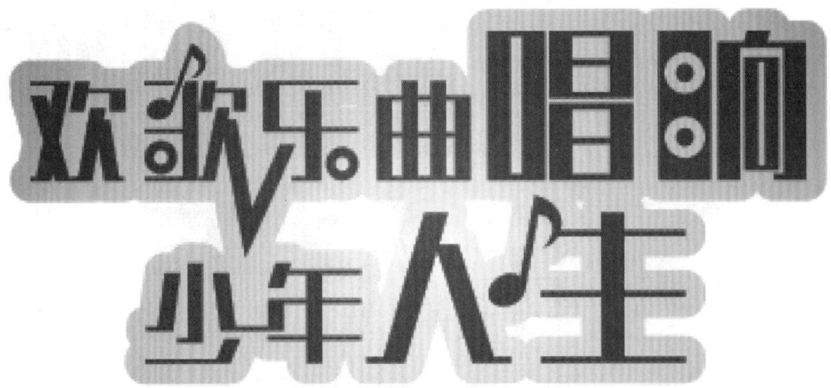

图 2-43　渐变色轮廓效果

(5) 再制作出一个底边轮廓，单击文字组，按键盘上的＋键复制一个，在工具栏中选择【轮廓工具】，选择轮廓笔，如图 2-44 所示。最后群组效果如图 2-45 所示。

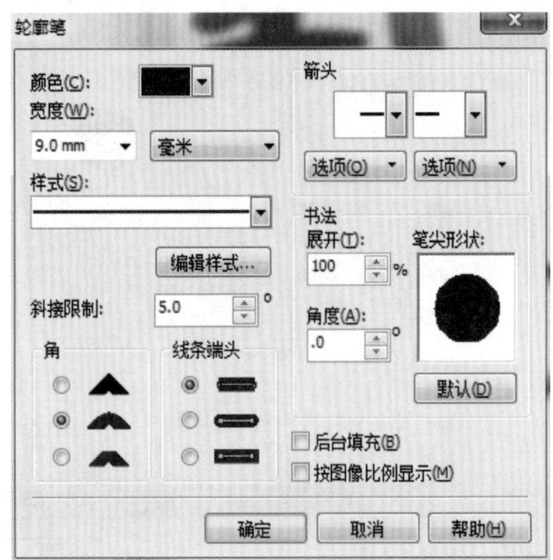

图 2-44　【轮廓笔】调整 2

图 2-45　完成图

（五）标志草图制作

(1) 制作标志前首先要依次选择【纸上绘画草图】|【照相】|【传输到电脑上】|【把相片打开到软件上】。在工具箱中选择【手绘工具】，根据草图绘制如图 4-46 所示。

图 2-46　标志草图

(2) 在工具箱中选择【形状工具】，执行【右键单击线段】|【到曲线】命令，调整线的曲度，遇到转折点过渡不平顺的情况可以执行【右键单击线段】|【平滑】命令，使线段变得更加流畅。经过细致地调整和添加元素后，【焊接】效果如图 4-47 所示。

（六）标志上色

(1) 选中绘制的标志图形，单击工具箱中的小三角形，选择下拉菜单中的【渐变填充】命令，弹出对话框如图 2-48 所示，将其颜色填充为紫色(C：75，M：96，Y：0，K：0)和粉色(C：3，M：100，Y：0，K：0)，如图 2-49 和图 2-50 所示。颜色填充后在右方色条最上方右击以消除边线。完成填充后的效果如图 4-51 所示。

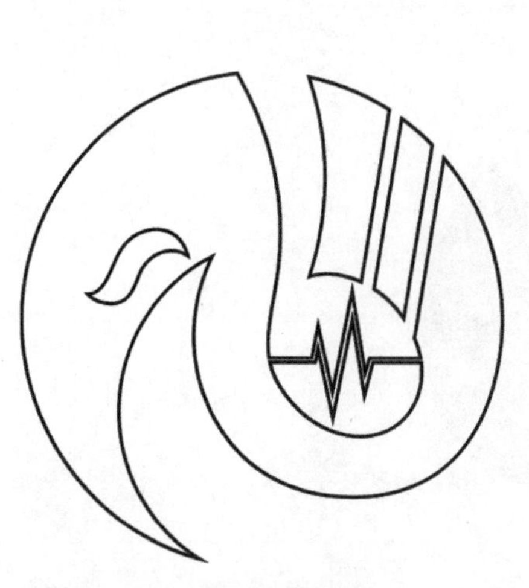

图 2-47　标志线稿

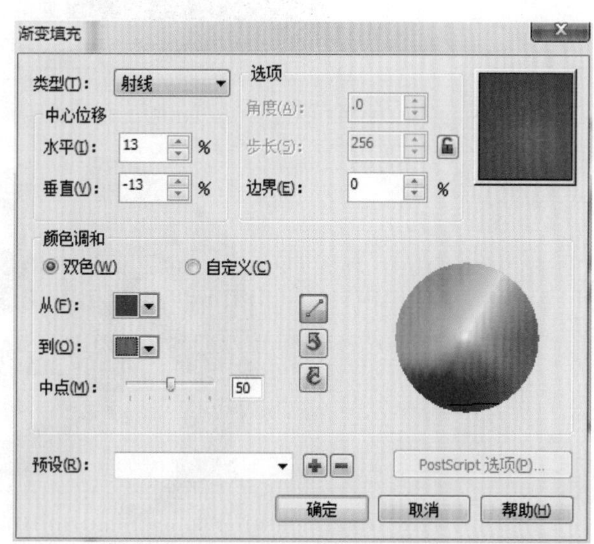

图 2-48　渐变填充设置

图 2-49　标志色 1

图 2-50　标志色 2

图 2-51　标志上色效果

(2) 中英文字制作。在工具箱中选择【文本工具】字,输入中文"金凤凰音乐电台"和英文 Gold-Phoenix Radio Station。选中中文,在上方设置栏中选取字体【方正毡笔黑简体】;选中英文选取字体"方正粗倩",调整宽度使之一致。然后在工具箱中选择【渐变填充工具】,如图 2-52 所示。完成后的效果如图 2-53 所示。

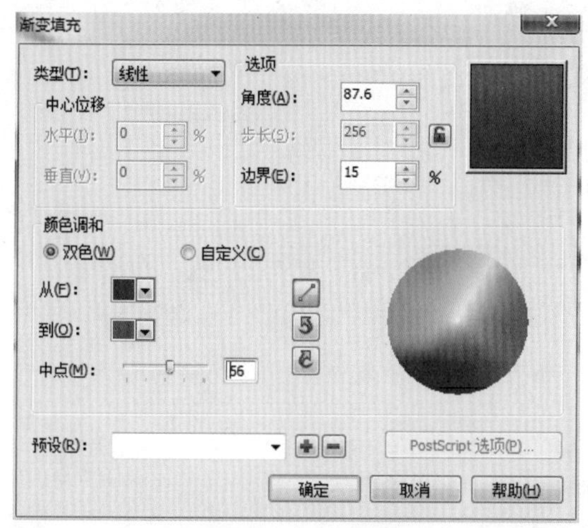

图 2-52　字体渐变填充

金凤凰音乐电台
Gold-Phoenix Radio Station

图 2-53　标志文字上色完成

(3) 组合标志。在左方标尺处拖拽出两条辅助线,在标志两旁尽量做到对称,然后把文字移动到标志下方,对文字大小进行调整,确定文图位置后,框选全部,按快捷键 Ctrl+G 群组。标志制作完成后的效果如图 2-54 所示。

图 2-54　借助辅助线组合

(4) 选中文字，在右方色条上单击白色，使标志颜色变成白色。在菜单栏中选择【文件】|【导出】命令，弹出对话框，在【保存类型】下拉列表框中选择 PNG 格式文件导出，因为这种格式的文件可以是透明背景，勾选【只是选定的】复选框，如图 2-55 所示。

图 2-55 导出白标志

(5) 选择分辨率 300dpi 导出。之前做的 10 个艺术字不用进行其他处理，选择后，同理导出。搜集素材在 PS 中制作出海报，最终效果如图 2-18 所示。

项目三 海报字体设计案例——商场促销海报

商场促销海报如图 2-56 所示。

图 2-56 商场促销海报效果

一、工作目标

通过学习该字体制作，主要掌握软件中【文本工具】、【钢笔工具】、【贝塞尔工具】、

【填充工具】、【形状工具】、【交互式阴影工具】、【交互式立体化工具】，特别是如何结合 PS 软件等工具的综合运用。

二、工作时间

工作时间为 3 课时。

三、工作步骤

（一）绘制字体

（1）单击工具箱中的【文本工具】，选择相应的字体，输入“10.01 国庆节钜惠全城”如图 2-57 所示，框选文字，选择菜单栏中的【排列】|【转化为曲线】命令。

10.01
国庆节
钜惠全城

图 2-57　输入文字

（2）在工具箱中选择【形状工具】，把它调到合适的形状，如图 2-58 所示。

10.01

图 2-58　修改文字

（3）用【形状工具】修改，在工具箱中单击【矩形工具】，画出适当的矩形并填充上颜色，放在合适的位置。框选“国”字和矩形，在菜单栏中选择【排列】|【造形】|【修剪】命令，如图 2-59 所示，之后把矩形删除。

（4）同理制作其余字体，用【矩形工具】画出适当的矩形并填充上颜色，放在合适的位置。框选字和矩形，在菜单中选择【排列】|【造形】|【修剪】命令，如图 2-60 所示，再把矩形删除，如图 2-61 所示。

图 2-59 “国”字修剪图形

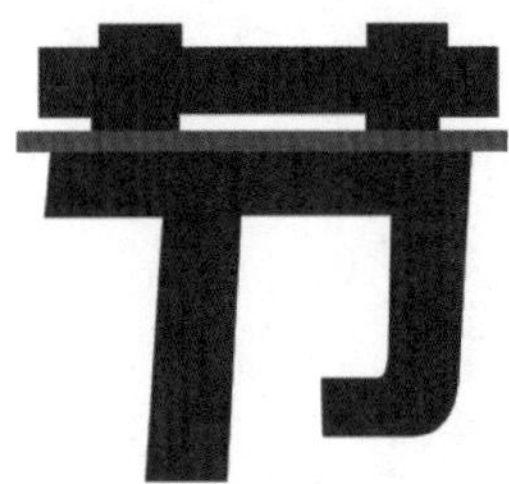

图 2-60 “节”字修剪图形

图 2-61 制作出的总体效果

(5)“钜惠全城”制作。使用以上方法同理制作,效果如图 2-62 所示。

图 2-62 得到的最终效果

(6)制作字体立体效果。先框选字体“10.01 国庆节钜惠全城”,按快捷键 Ctrl+D 复制,将第一个填充上红色(C:11,M:100,Y:96,K:0),如图 2-63 所示。图上层的颜色为黄色(C:2,M:13,Y:89,K:0),如图 2-64 所示。

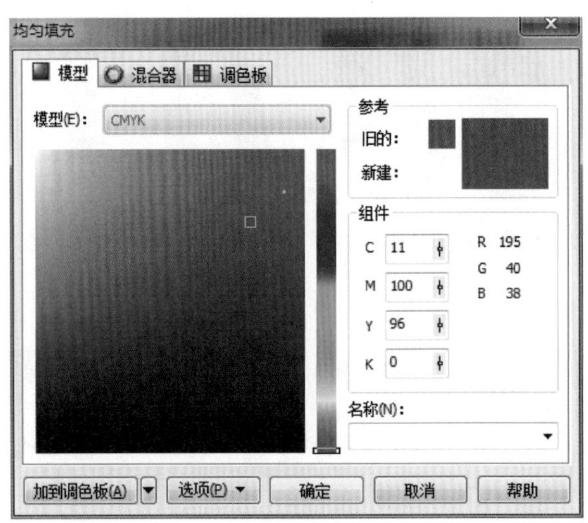

图 2-63 填充颜色 1

图 2-64　填充颜色 2

（7）上完颜色后，单击工具箱中的小三角形，按住鼠标，红色的字体会出现小框，如图 2-65 所示。调整角度完成后的效果如图 2-66 所示。再把黄色字体放在红色字的上方，使它们重叠，如图 2-67 所示。

图 2-65　制作出立体的效果

（8）调整文字“满 100 减 30”。在字体库找出相似字体，框选文字，选择菜单栏中的【排列】|【转化为曲线】命令，如图 2-68 所示。逐字调整，主要是数字，用【形状工具】除去数字的圆角，首先拉出两条辅助线，再双击在线上增加节点，如图 2-69 所示。再右击弹出属性栏，选择上面的【到直线】，效果如图 2-70 所示。其他几个字也是一样处理，如图 2-71 所示。

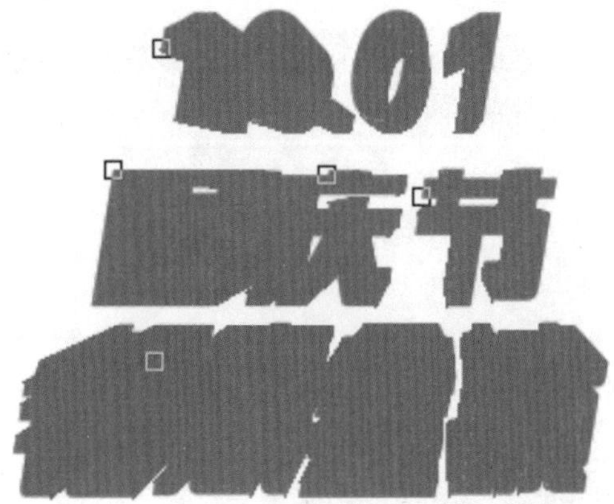

图 2-66　得出的效果

图 2-67　添加图形得出总效果

满100减30

图 2-68　输入数字

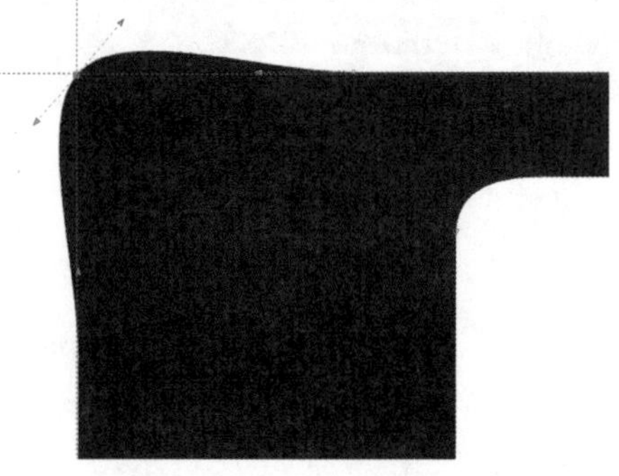

图 2-69　添加节点并移动到相应的地方

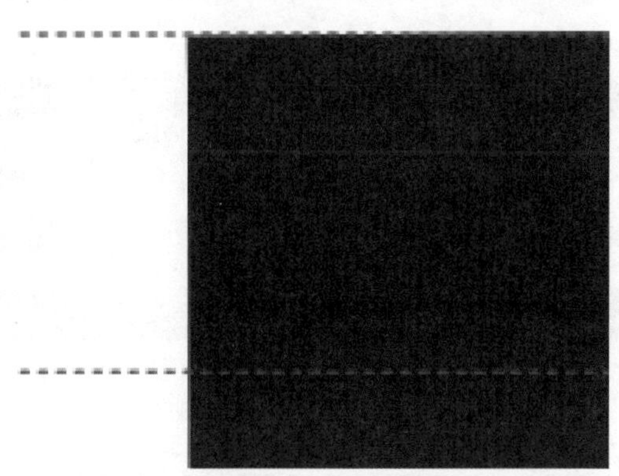

图 2-70 转化为直线

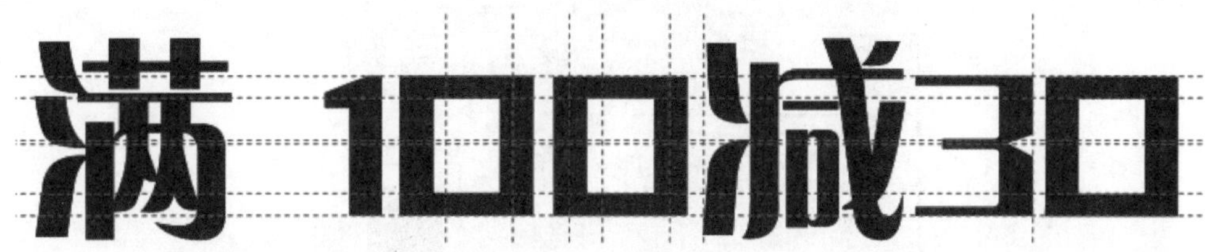

图 2-71 修改完成

(9) 因有一个白色的底，框选字体，按快捷键 Ctrl+D 复制，将其变为白色，如图 2-72 所示。在工具箱中选择【轮廓工具】，将文字边调粗，如图 2-73 所示。在右方色条右击白色色块，消除边线，如图 2-74 所示。在工具箱中单击【轮廓笔】的小三角形，弹出对话框，设置轮廓笔，如图 2-75 所示，把正方角调到圆形，如图 2-76 所示，再把原图放到填白图的上方，如图 2-77 所示。

图 2-72 复制文字加白

图 2-73 加粗轮廓

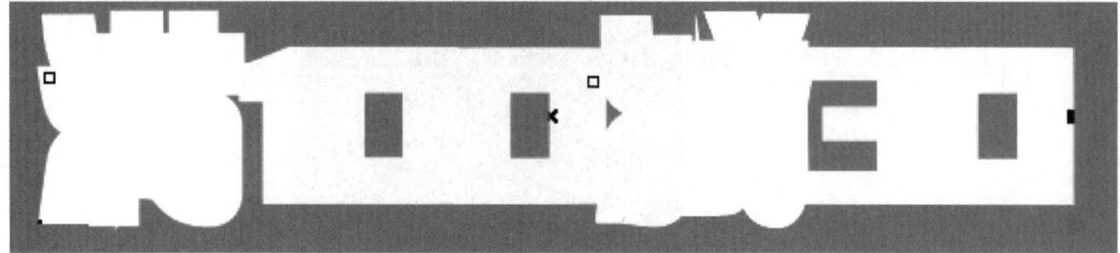

图 2-74　改变轮廓颜色

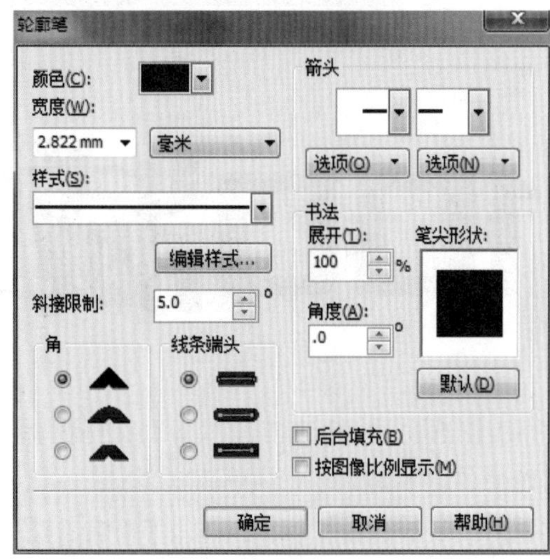

图 2-75　【轮廓笔】对话框 2

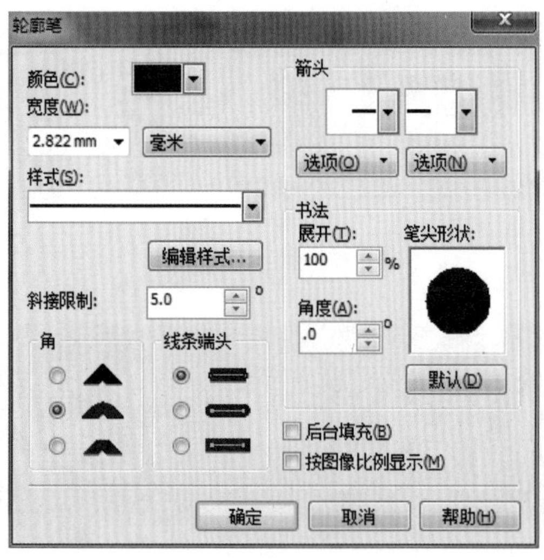

图 2-76　设置后的结果

图 2-77　放置文字

（10）填充颜色将“100”和“30”填充红色（C：0，M：100，Y：100，K：0）。完成后的效果如图 2-78 所示。

图 2-78　完成效果

（11）把全部图形群组，最终的效果如图 2-56 所示。

课堂链接：主要总结该项目在制作字体设计中常用的工具及运用技巧，同时也要对相关设计的一些变化规律与方法进行总结；然后让学生进行回顾，对各项知识点进行梳理；最后还要进行部分作品欣赏，以提高学生学习的动力与激情。

模块三

经典案例——歌丽芙品牌 VI 设计

歌丽芙品牌 VI 设计教学视频请扫描右侧的二维码。

一、设计背景

歌丽芙是一家专门经营花艺的品牌店，原来经营的商品比较杂，没有一个明确的定位，设计公司根据原来经营的主打产品进行策划后，将其重新定位为欧式国际化、时尚感、故事性、高贵典雅、唯美艺术和高品位。因此在设计中要有欧美时尚元素，以欧式简约及自然原生态为主，要给人带来国际化高品质的生活体验及欧式高端花艺的享受。店面效果如图 3-1 所示。

图 3-1　实景效果

二、项目工作目标

学生通过实践，为企业制订这套相对完整的Ⅵ设计方案，使学生能更系统掌握设计的方法与规范要求，如能更好理解基础部分和应用部分的制作要求，这是很难得的一种制作体验。

三、工作时间

工作时间为 12 课时。

四、分配任务

以组为单位合作完成，由组长对基础和应用部分进行分工，教师进行统筹，重点考查学生对软件操作的应用能力的同时，更重要的是加强团队合作能力。

五、工作步骤

（一）基础要素系统

（1）标准图形规范。单击属性栏中的 新建页面，双击工具箱中的【矩形工具】，创建 A4 纸，单击绘画区四周的标尺，分别拉出 4 条辅助线到 A4 纸的四边，辅助线如图 3-2 所示（此处辅助线为了更方便标注尺寸，还有准确表现其位置大小的作用。如不需要辅助线，可通过选中辅助线按住 Delete 键删除）。

图 3-2　拉出辅助线

（2）单击工具箱中的【矩形工具】，绘制 3 个矩形（分别是：长 303.0mm、高 375.0mm；长 56.0mm、高 35.5m；长 251.0mm、高 3.5mm），如图 3-3 所示。

（3）先选择标有“1”的矩形，按键盘上的 P 键进行页面中心对齐，如图 3-4 所示。

图 3-3　绘制 3 个矩形

图 3-4　矩形页面中心对齐

(4) 选择标有“3”再选择标有“1”的矩形，按键盘上的 R 键和 T 键进行右上角对齐。选择标有“2”再选择标有“3”的矩形，按键盘上的 L 键进行左边对齐。选择标有“2”的矩形，按键盘上的↑、↓键适当调整其上下位置。效果如图 3-5 所示。

图 3-5 矩形对齐

(5) 选择标有“1”的矩形，单击工具箱中的【填充工具】，选择【均匀填充】，弹出【均匀填充】对话框，从中选择模型模式，在【组件】选项组中改变 C、M、Y、K 颜色参数为 1、0、1、2，如图 3-6 所示。

(6) 按上述方法对矩形进行均匀填充，标有“2”的矩形颜色参数为(C：2，M：0，Y：0，K：3)，标有“3”的矩形颜色参数为(C：0，M：20，Y：40，K：60)，效果如图 3-7 所示。

(7) 单击工具箱中的【文本工具】字(或按快捷键 F8)，输入英文 Visual，在上方属性栏 中选择字体为 Cambria，大小为 24pt，用同样的字

图 3-6　为矩形 1 填充颜色

图 3-7　为矩形 2 和矩形 3 填充颜色

体再输入英文 Identification，大小为 16pt，同时选中两组英文，按键盘上的 R 键进行左对齐(这时要确定是英文输入状态)，如图 3-8 所示。

图 3-8　文字对齐

(8) 用相同方法输入文字 A，大小为 77pt。先选中 A 再选择 Visual，按键盘上的 B 键进行底部对齐，对全部字体进行群组，按住 Shift 键加选标有“2”的矩形，按 E 键与 C 键进行中心对齐。排列效果如图 3-9 所示。将文字填充为白色。

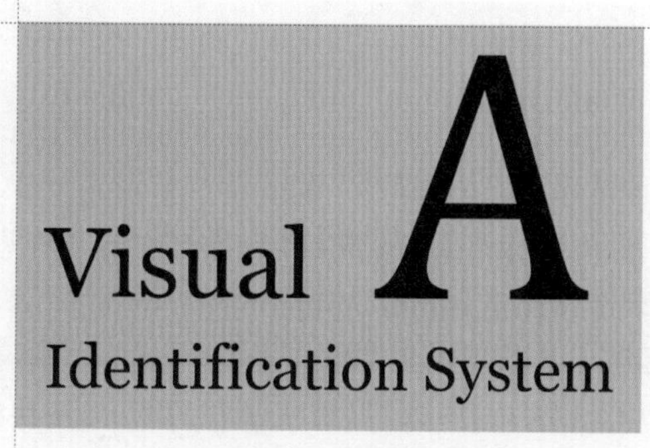

图 3-9　排列效果

(9) 单击工具箱中的【文本工具】，输入标志名称 grwleaf，字体为 Cambria，大小为 141pt，按快捷键 Ctrl＋Q 转换为曲线。单击工具箱中的【形状工具】，按之前所学方法利用字体节点进行调整。最终效果如图 3-10 所示。

(10) 单击工具箱中的【手绘工具】，在页面中绘制一个与设计相符的封闭图形，然后选择工具箱中的【形状工具】，框选所有节点后在属性栏选择，然后对线条节点进行编辑。编辑后的线条如图 3-11 所示。

图 3-10　grwleaf 的最终效果

图 3-11　编辑后的线条

(11) 选择刚才绘制的图形按键盘上的+键复制，单击属性栏中的【镜像】按钮，同时按住 Ctrl 键和鼠标左键，把刚才绘制的图形拉到对应的位置，如图 3-12 所示。

(12) 选中其中一半图形，单击菜单栏的【排列】|【造形】命令，在弹出的对话框中选择【焊接】选项，单击【焊接到】按钮，将鼠标移至另一半图形，焊接效果如图 3-13 所示(焊接处多余的节点可以通过双击按钮消除)。

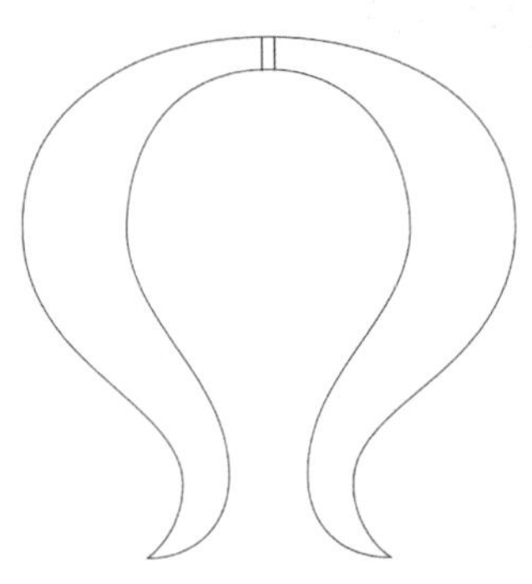

图 3-12　图形复制

图 3-13　焊接图形

(13) 单击工具箱中的【椭圆形工具】，按住 Ctrl 键画出一个适当大小的正圆，放到相应的位置。单击菜单栏中的【排列】|【变换】|【旋转】命令，在弹出的对话框中选择旋转 60°，勾选【相对中心】复选框，【副本】设为 6，如图 3-14 所示。框选刚镜像的图形，按快捷键 Ctrl+G 组合图形，把中心点移到刚画的圆中心，单击【应用】按钮，旋转效果如图 3-15 所示。接着单击工具箱中的【挑选工具】，框选所有的图形，按快捷键 Ctrl+G 组合。

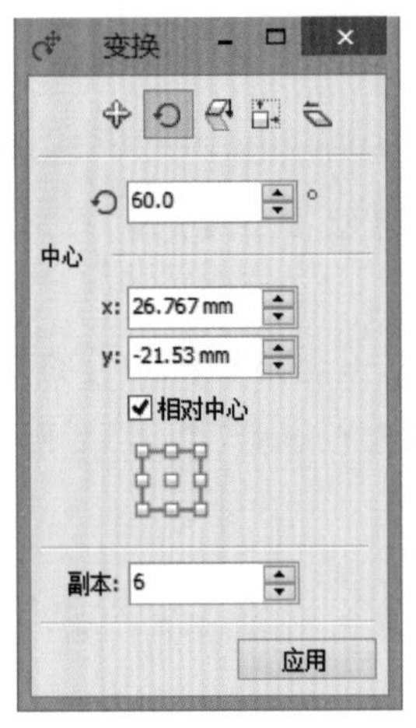

图 3-14　【变换】对话框

图 3-15　旋转效果

(14) 单击工具箱中的【挑选工具】，框选 grwleaf 后 5 个字母，按键盘中的后退键→，退到适当位置，再选中花纹，按住 Shift 键等比例缩放，其大小与文字标志应相当，移动到英文标志空出来的地方并调整。组合效果如图 3-16 所示。

图 3-16　组合效果

(15) 单击工具箱中的【文本工具】，输入中文“歌丽芙”，字体选择“方正中倩简体”，大小为 98.5pt，右击，弹出对话框，选择转换为曲线。单击工具箱中的【矩形工具】，绘制一个矩形(长 60.0mm、宽 12.0mm)；单击工具箱中的【挑选工具】，选中矩形移动其位置，如图 3-17 所示。

(16) 单击菜单栏中的【排列】|【造形】|【修剪】命令，单击【修剪】按钮，对文字上部分进行修剪，如图 3-18 所示。

图 3-17　移动矩形

图 3-18　修剪文字

(17) 用相同方法对第二条横线进行修剪，修剪完成后删去矩形，效果如图 3-19 所示。

(18) 单击工具箱中的【矩形工具】，绘制两个矩形(长 17.0mm、宽 0.9mm；长 18.0mm，宽 0.9mm)，将较短的矩形放置在“歌”字体上方，较长的放在中间，如图 3-20 所示。

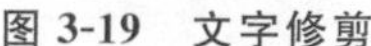

图 3-19　文字修剪

图 3-20　放置矩形位置

(19) 选择【形状工具】，调节“芙”字的边线，按上述方法对“芙”进行焊接，最后使用【形状工具】对文字进行字体修改。最终效果如图 3-21 所示。

歌丽芙

图 3-21 “歌丽芙”完成效果

(20) 将中文与英文标识群组，按上述方法进行均匀填充，颜色参数为(C：0，M：20，Y：40，K：60)，如图 3-22 所示。

图 3-22 中英文群组颜色填充

(21) 选择【文本工具】字输入标志释义，同时输入品牌相关信息与说明，移至适当位置(注意使用辅助线使文字对齐)。整体效果如图 3-23 所示。

图 3-23 整体效果

(22) 标志方格坐标制图规范。新建页面 ,将上页面中的排版复制到新建页面中,如图 3-24 所示。

图 3-24 模板复制

(23) 单击工具箱中的【表格工具】,在页面拖动鼠标,出现两个表,高为 8 格和 30 格、长为 18 格和 80 格(稍微移动就行,否则格子会是长方形的),选中两个表格,按键盘上的 P 键进行页面中心对齐,如图 3-25 所示。

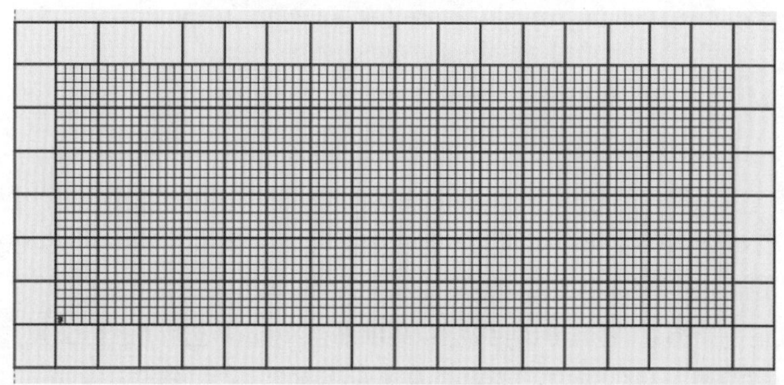

图 3-25 绘制的表格

(24) 选中两个表格，右击选择【转换为曲线】。选择其中一个表格，光标移至颜色条，选择浅灰色并右击，另一个表格依此法改为灰色。按快捷键 Ctrl＋G，填充颜色，如图 3-26 所示。

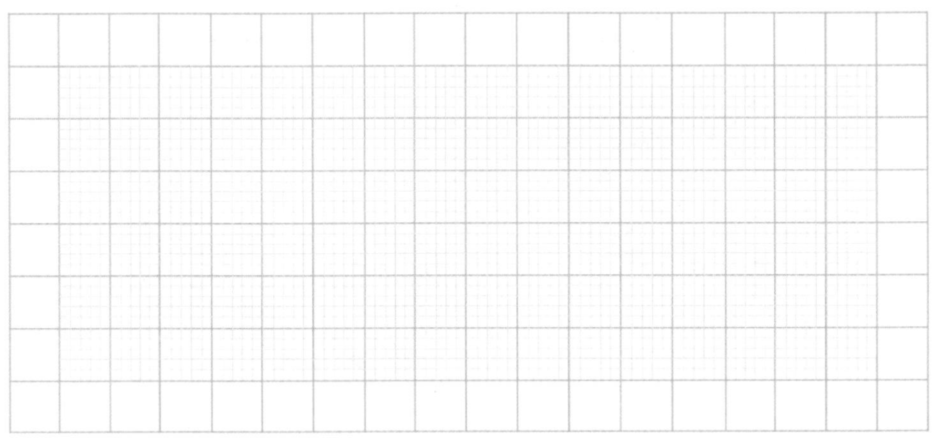

图 3-26　表格颜色填充

(25) 将标志导入其中，去色改为线稿，适当缩放大小并放置在表格中间，按快捷键 Shift＋PgUp，将标志移至上层，如图 3-27 所示。

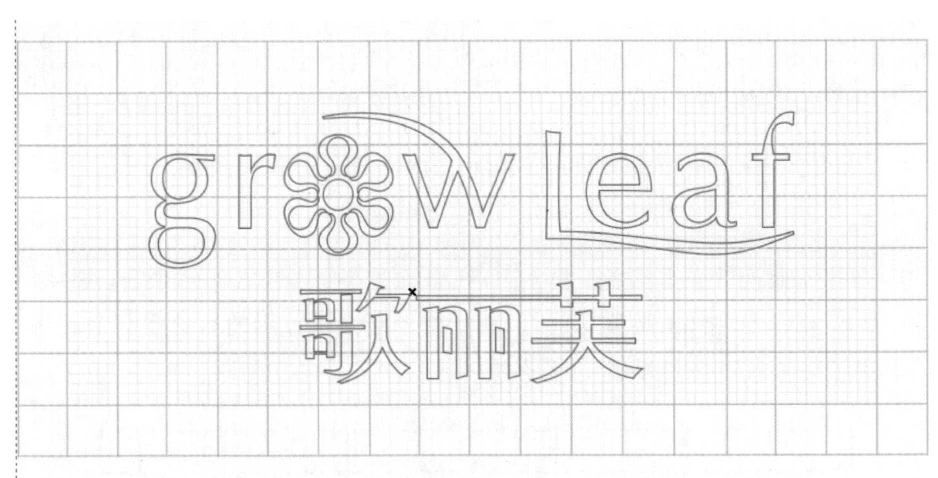

图 3-27　标志放置 1

(26) 单击工具箱中的【矩形工具】，绘制一个长与高均为 12.7mm 的小正方形，填充颜色为灰色，拖至表格左上角，用【文本工具】字写出一个 A 字样，填充颜色为白色，缩放大小放在小正方行上方，再使其两侧群组移动位置，如图 3-28 所示。

(27) 复制一个标志，将其等比例缩小，高度缩至 10mm，选择【手绘工具】，绘制成量角器形状，在开口处用【文本工具】字输入 10mm，如图 3-29 所示。

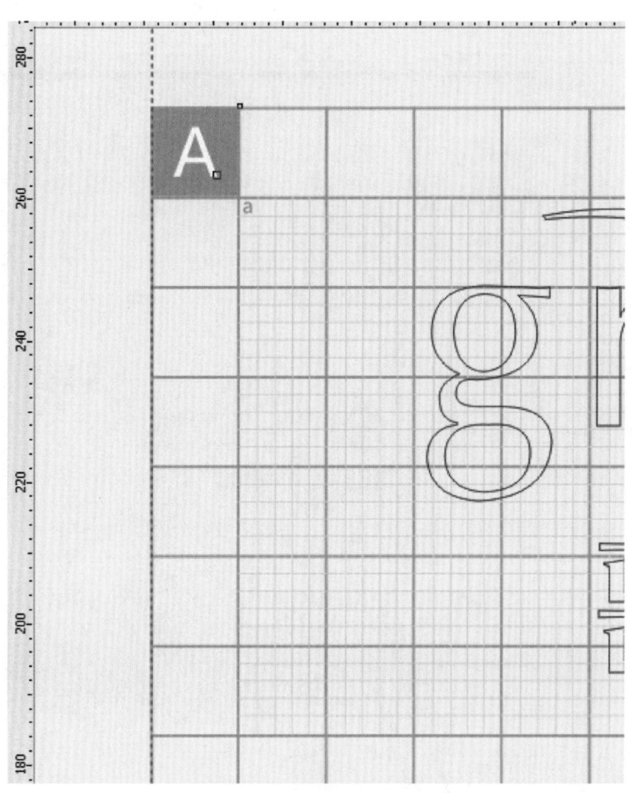

图 3-28　绘制 A 的位置

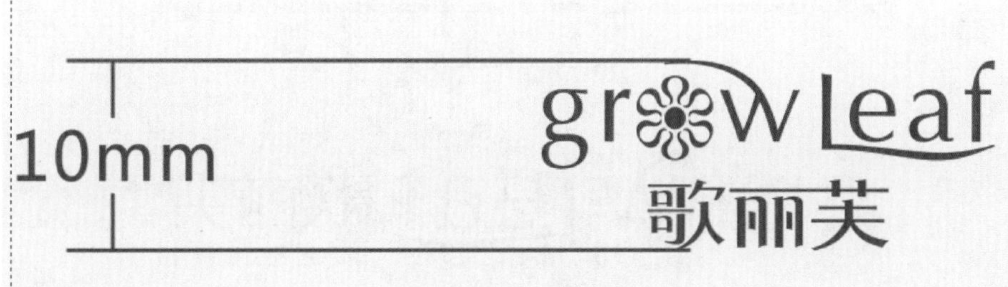

图 3-29　量角器绘制

(28) 用【文本工具】字输入相关说明。最终效果如图 3-30 所示(注意版面的整齐)。

(29) 标志中英文(模式)组合标准化制图规范。按上述方法新建一页,复制模板,将标志也同时复制到其中,移动中英文标志使其横排放置,缩放标志并对齐辅助线。选中标志按上述方法进行均匀填充,颜色参数为(C:0,M:0,Y:0,K:70),效果如图 3-31 所示。

(30) 按上述方法在标志周围绘制出辅助线,再用【文本工具】字输入计量值,如图 3-32 所示。

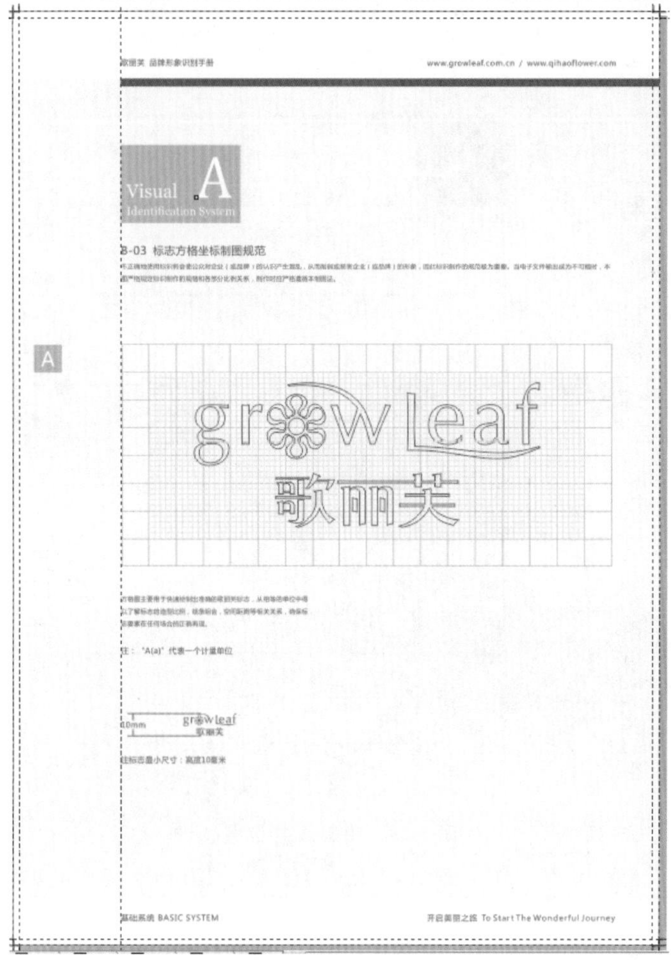

图 3-30　完成效果 1

图 3-31　填充标志

图 3-32　测量标志

(31) 选择【表格工具】，按上述方法绘制出两个表格(一个长为 6 格、高为 18 格；另一个长为 20 格、高为 80 格)，其余操作方式与上述制作表格方式相同。效果如图 3-33 所示。

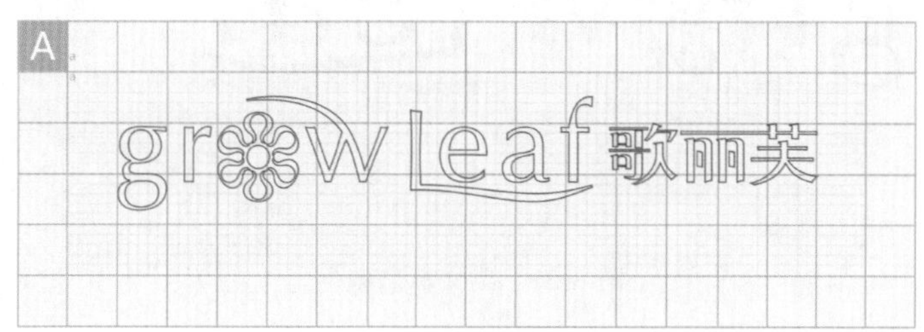

图 3-33　绘制表格

(32) 输入相关说明，最终完成效果如图 3-34 所示。

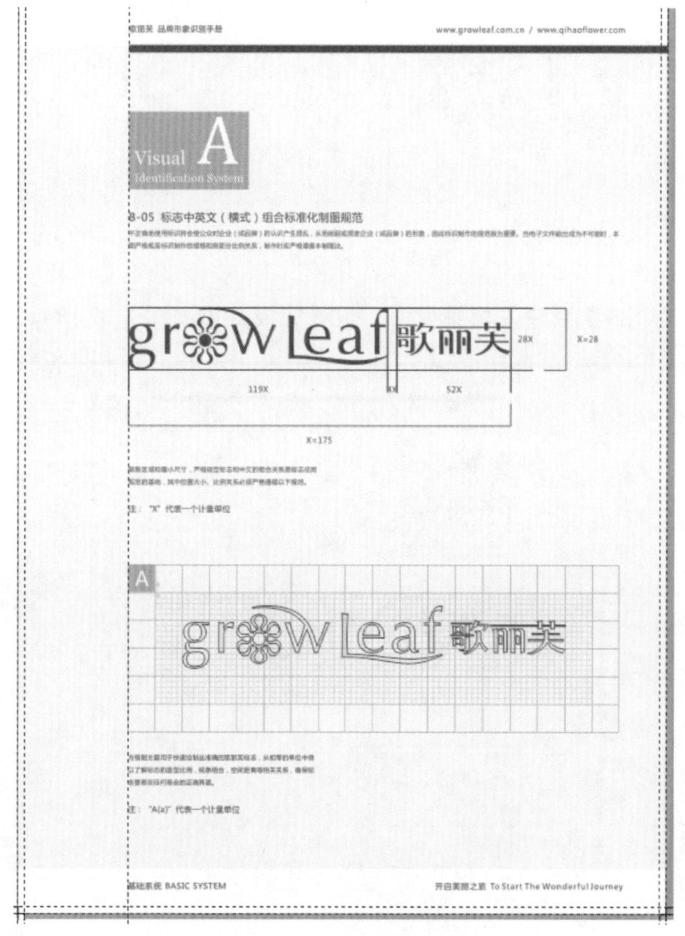

图 3-34　完成效果 2

(33) 标志英文组合标准化制图规范。新建一页，复制模板，将上一页中的英文标志与表格部分复制到该页中，用上述方法在英文标志周围绘制出辅助线，再标明尺寸大小，对齐辅助线，如图 3-35 所示。

图 3-35　英文标志制作

(34) 将复制标志去色改为线稿,移至表格中间,如图 3-36 所示。

图 3-36　标志放置 2

(35) 用【文本工具】字输入相关说明。最终完成效果如图 3-37 所示。

图 3-37　完成效果 3

(36) 标志与广告语组合标准化制图规范。新建一页，复制模板，将完整标志复制其中，缩放至适当大小，用【文本工具】字输入“开启美丽之旅”，字体为“方正美黑简体”，大小为 44.5pt，再用【文本工具】字输入 To Start The Wonderful Journey，字体为 Cambria，大小为 20.0pt，更改字体颜色，颜色参数为(C:0，M:0，Y:0，K:70)，适当移动文字位置，如图 3-38 所示。

图 3-38　字体标志

(37) 用上述方法绘制两个表格(第一个表长为 16 格、高为 8 格；第二个表长为 15 格、高为 8 格)，其余操作与上述相同。复制(按键盘上的+键可快速复制)图 2-37 中的内容，去色变为线稿，移动到表格中适当位置，用【文本工具】字输入相关说明(注意版面排版整齐)。最终完成效果如图 3-39 所示。

图 3-39　完成效果 4

(38) 标志中英文全称标准字组合、标准化制图规范。新建一页，复制模板、标志，适当缩放标志大小，采用【文本工具】字输入企业中文名称与英文名称，中文字体为“方正美黑简体”，大小为31.5pt，英文字体为Cambria，大小为19.5pt，选中文字，按上述方法对文字进行均匀填充，颜色参数为(C:0，M:0，Y:0，K:70)，移动位置，如图3-40所示。

图 3-40　中英文标准字

(39) 复制图3-40中的内容，移动到下方适当位置，更改标志颜色为灰色，按上述方法在标志周围绘制出辅助线，再用【文本工具】字输入计量大小，如图3-41所示。

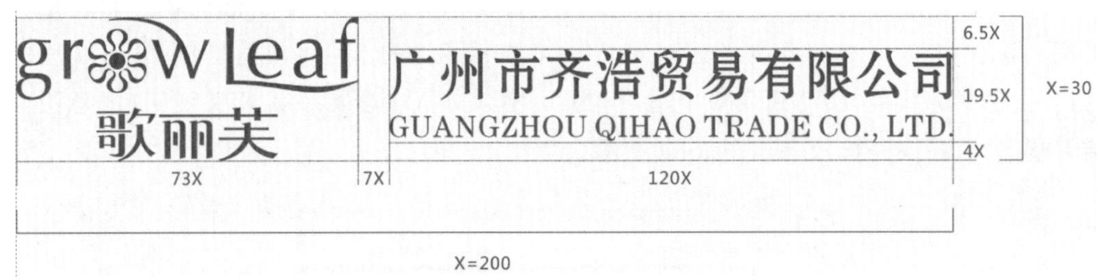

图 3-41　计量大小

(40) 按上述方法绘制出两个表格(第一个表长为18格、高为5格；第二个表长为80格、高为15格)，其余操作方式与上述制作表格方式相同。再复制文字，将其去色改为线稿，其余操作与之前一样。完成效果如图3-42所示。

图 3-42　线稿效果

(41) 用【文本工具】字输入相关说明。最终完成效果如图3-43所示。

(42) 品牌标准字体、方格制图法。新建一页，复制模板、标志，按上述方法均匀填充

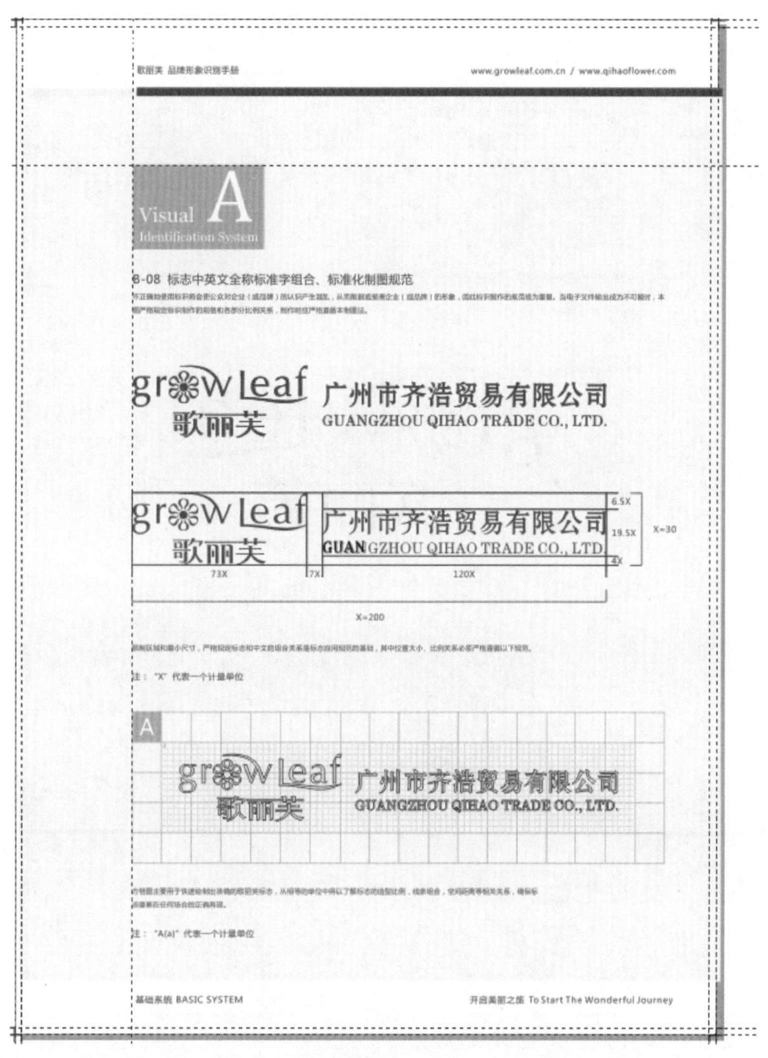

图 3-43　完成效果 5

颜色，参数为(C:0，M:0，Y:0，K:70)，适当缩放大小，移动到适当位置。再复制标志，将其去色变为线稿。按上述方法绘制出两个表格(一个表长为 8 格、高为 18 格；另一个表长为 30 格、高为 80 格)。其余操作方式与上述制作表格方式相同。再用【文本工具】字输入相关说明。最终完成效果如图 3-44 所示。

(43) 企业全称中英文标准字体、方格制图法规范。新建一页，复制模板，将企业中英文名称复制到其中，更改中英文名字大小分别为 60.0pt、34.5pt，移动适当位置，如图 3-45 所示。

(44) 再复制企业中英文名称，将其去色改为线稿，用上述方法绘制两个表格(一个表长为 6 格、高为 18 格，另一个表长为 20 格、高为 80 格)，将文字放置在表格上层。其余操作方式与上述制作表格方式相同。最终完成效果如图 3-46 所示。

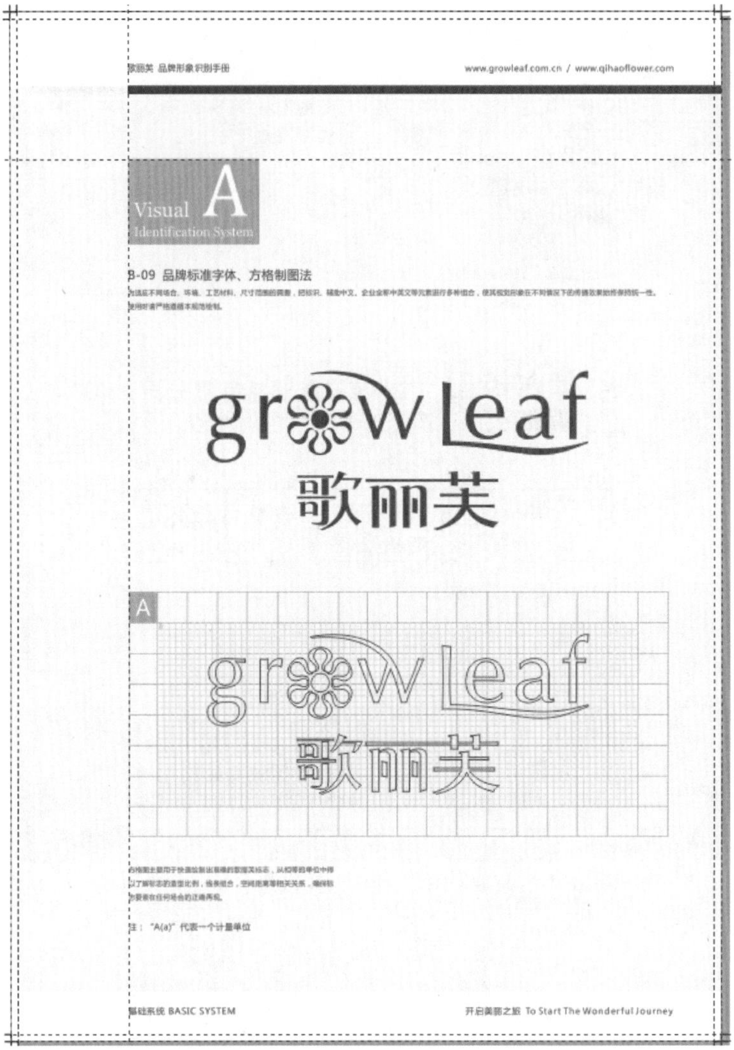

歌丽芙 品牌形象识别手册 www.growleaf.com.cn / www.qihaoflower.com

Visual A Identification System

B-09 品牌标准字体、方格制图法

growLeaf
歌丽芙

A

growLeaf
歌丽芙

注："A(a)" 代表一个计量单位

基础系统 BASIC SYSTEM 开启美丽之旅 To Start The Wonderful Journey

图 3-44 完成效果 6

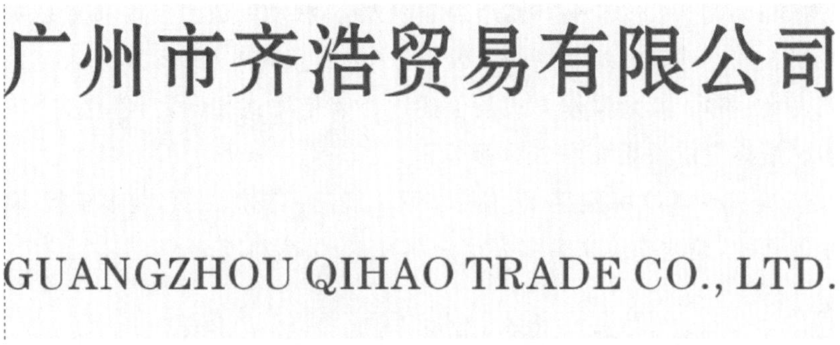

广州市齐浩贸易有限公司

GUANGZHOU QIHAO TRADE CO., LTD.

图 3-45 文字复制

图 3-46　完成效果 7

(45) 广告语中英文标准字体、方格制图法规范。新建一页，复制模板，再复制之前所做的“开启美丽之旅”与 To Start The Wonderful Journey 字样，缩放中英文字样，分别为 57.0pt、23.8pt，再适当移动位置，如图 3-47 所示。

图 3-47　文字复制并调整

(46) 再复制字样，去色变为线稿，适当移动位置，用上述方法绘制两个表格(一个表长为 6 格、高为 18 格；另一个表长为 20 格、高为 80 格)，将文字放置在表格上层，其余操作方式与上述制作表格方式相同。最终完成效果如图 3-48 所示。

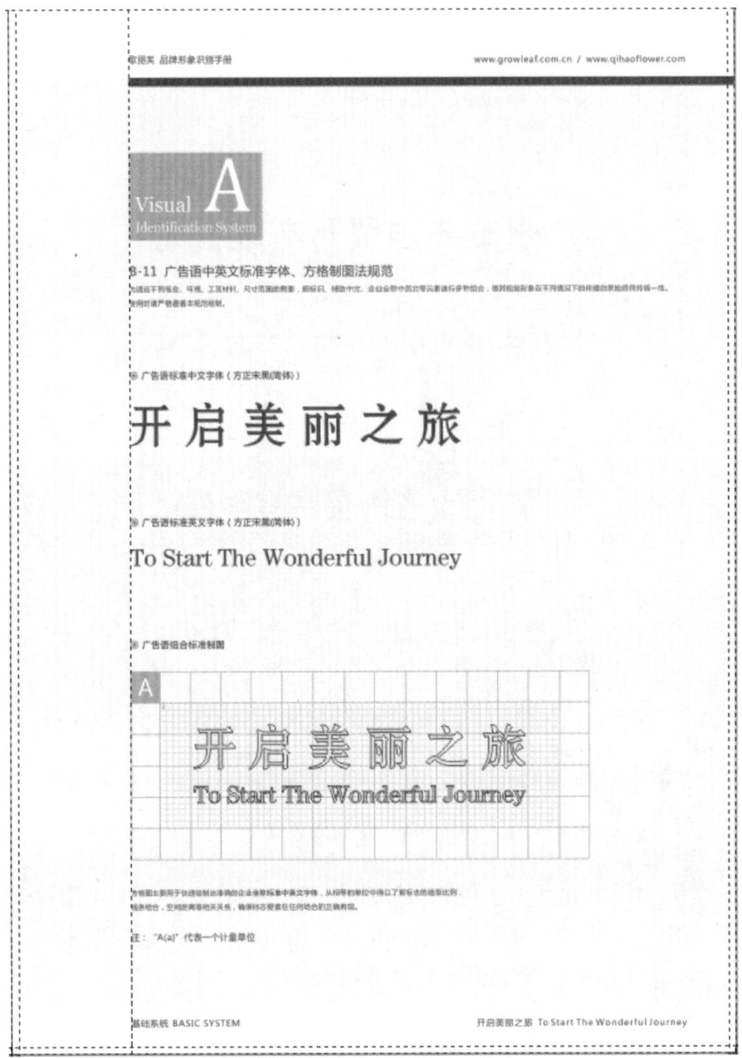

图 3-48　完成效果 8

(47) 企业辅助图形。新建一页，复制模板，并复制标志中花纹，缩放至适当大小，移动位置，用【文本工具】字输入相关说明。最终完成效果如图 3-49 所示。

(48) 企业辅助图形方格坐标制图规范。新建一页，复制模板，复制上一层中的花纹到该层，移动到页面适当位置，去色变为线稿，用上述方法绘制两个表格(一个表长为 18 格、高为 14 格；另一个表长为 60 格、高为 80 格)，将花纹放置在表格上层。其余操作方式与上述制作表格方式相同。用【文本工具】字输入相关说明。最终完成效果如图 3-50 所示。

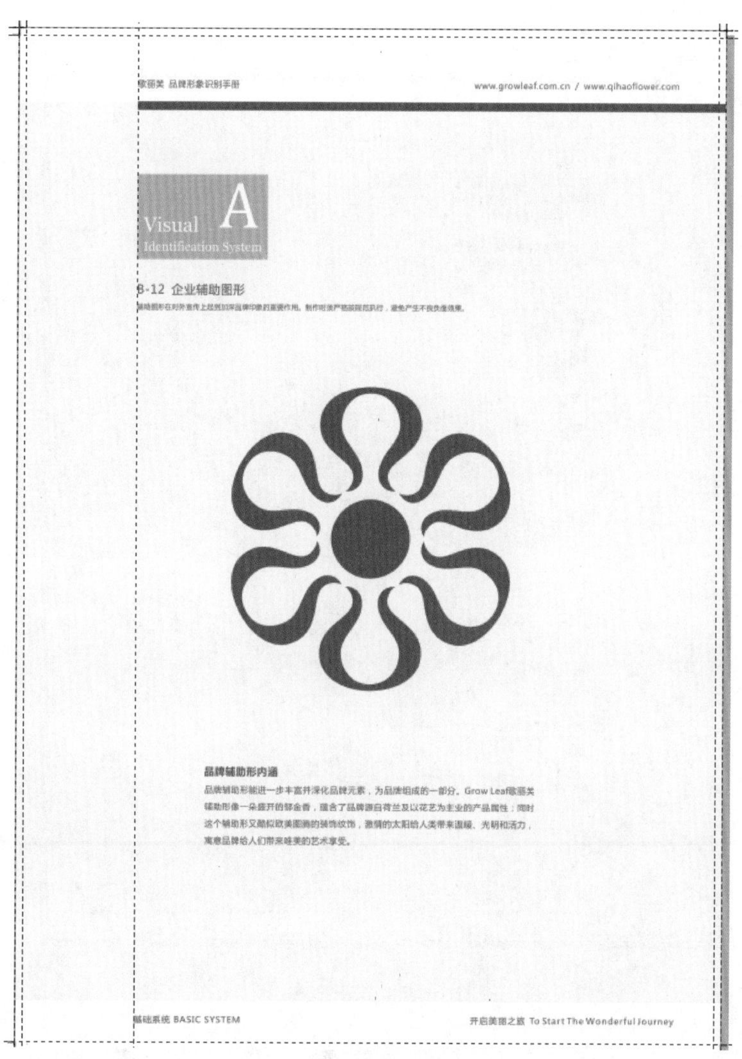

图 3-49　完成效果 9

(49) 标志/辅助图形标准色。新建一页，复制模板，单击工具箱中的【椭圆形工具】，按快捷键 Ctrl＋Shift 绘制出正圆，然后在属性栏中选择【饼形】，设置【起始和结束角度】(起始为 0°，结束角度为 45°)，得到效果如图 2-51 所示，选择菜单栏的【排列】|【变形】命令，在弹出的对话框中选择【旋转】命令，调整【角度】为 45°、【副本】为 8，再双击图，移至中心点至顶点处，再单击【应用】按钮得到图 3-52 所示再群组。

(50) 采用同样的方法，绘制出一个正圆，再加选之前绘制的圆，按键盘上的 E、C 键进行中心对齐。效果如图 3-53 所示。

(51) 选中刚绘制的图形并取消群组(按快捷键 Ctrl＋U)，单击工具箱中的【填充工具】均匀填充，先填充中心的圆形(填白色)，用同样的方法填充小伞形，颜色从栗色到白色的渐变，如图 3-54 所示。

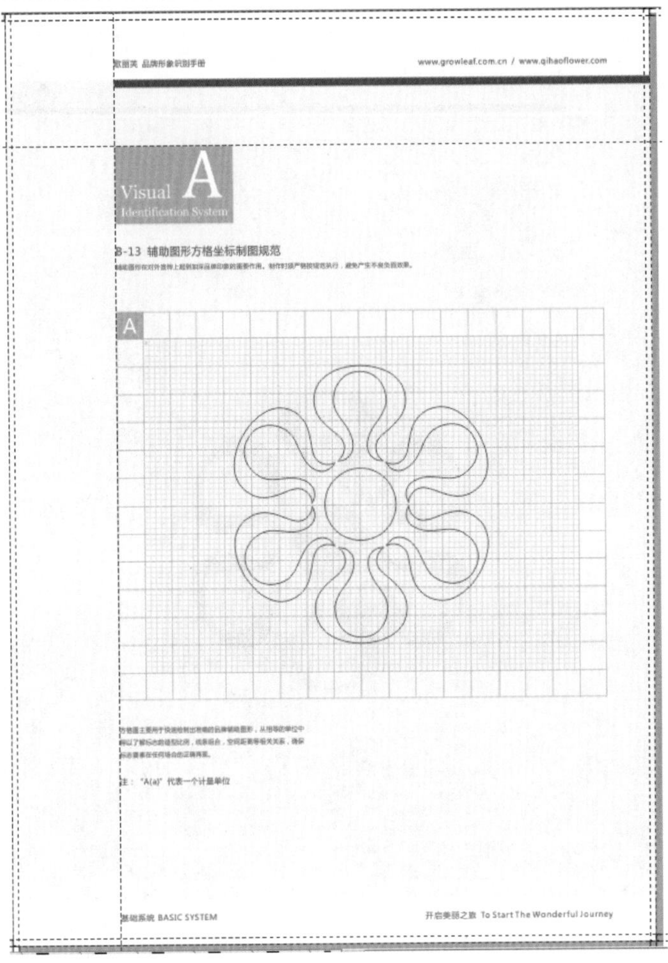

图 3-50　完成效果 10

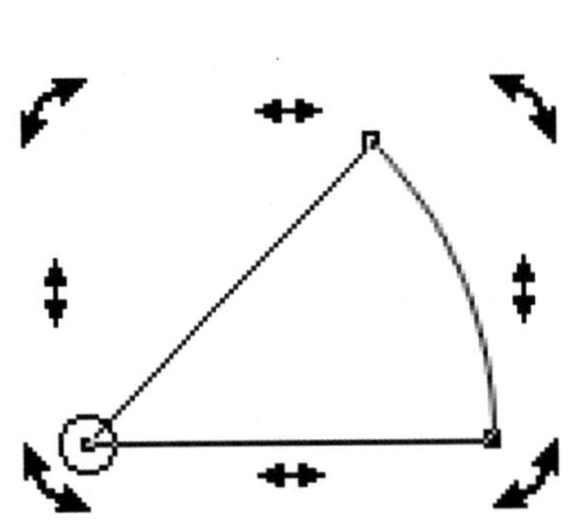

图 3-51　制作一个角度为 45°的扇形

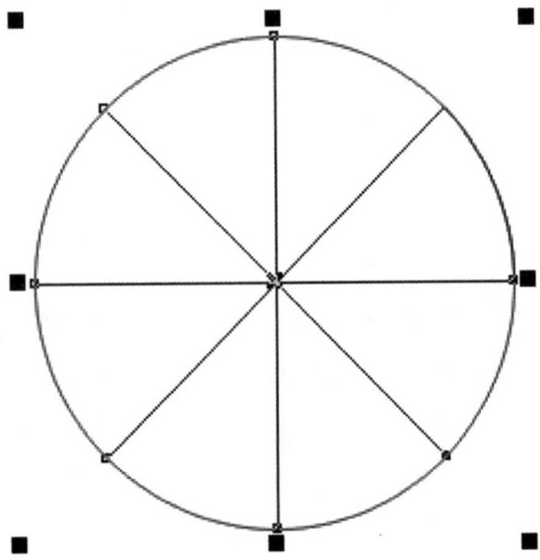

图 3-52　旋转图形

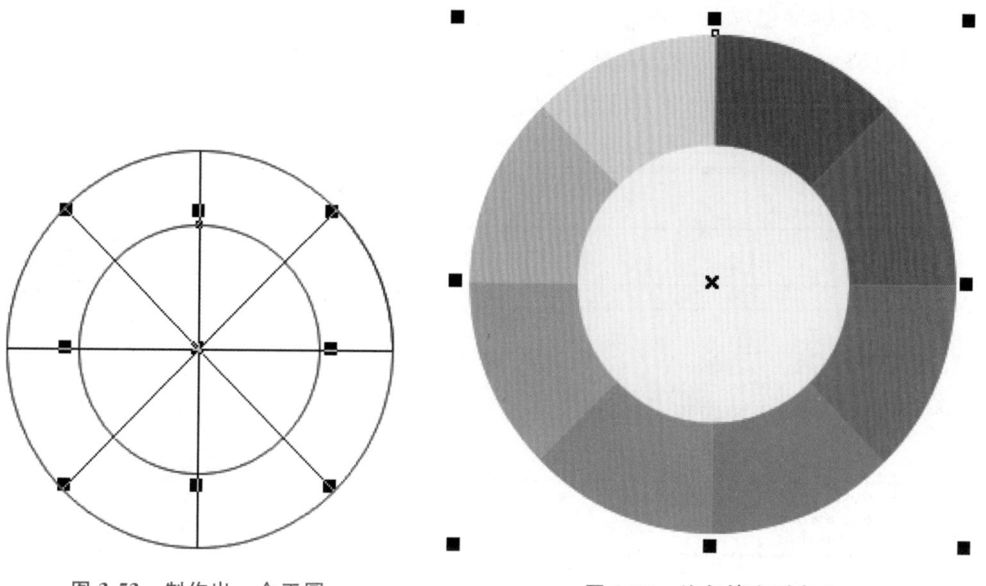

图 3-53　制作出一个正圆　　　　图 3-54　均匀填充对象 1

(52) 用【文本工具】字输入相关说明。最终完成效果如图 3-55 所示。

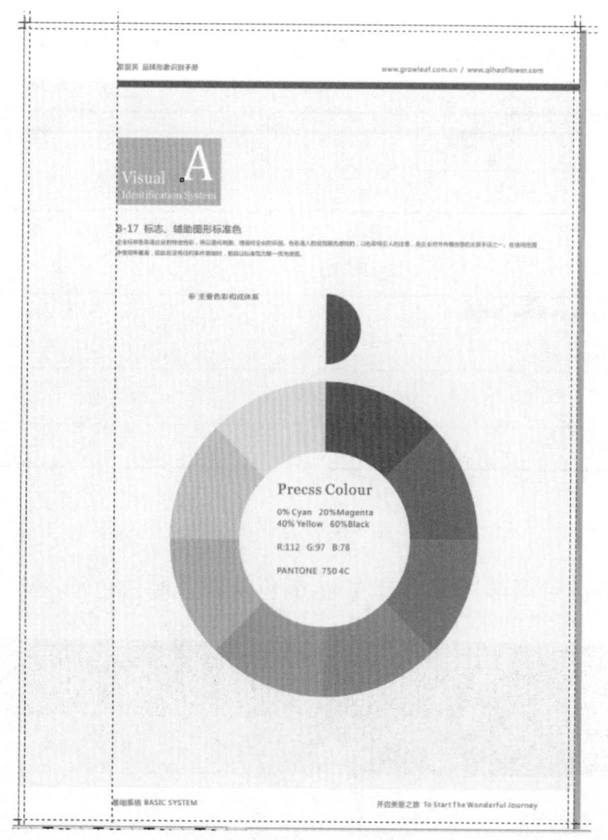

图 3-55　完成效果 11

(53) 企业标准色规范。新建一页，复制模板，单击工具箱中的【矩形工具】，制作两个矩形(长 229.5mm、20.8mm，高 35.5mm、15.2mm)，按键盘上的＋键复制出 9 个小矩形，按图 3-56 所示方式放置，再用【文本工具】字输入相关信息。

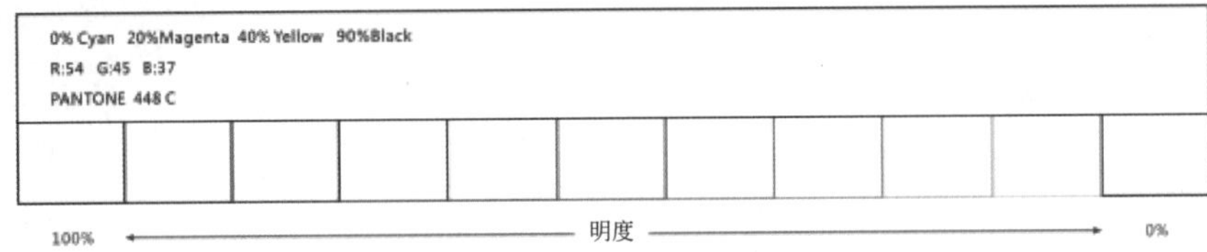

图 3-56 绘制填色表

(54) 选中绘制出的矩形，复制出两个，适当移动其位置，如图 3-57 所示。

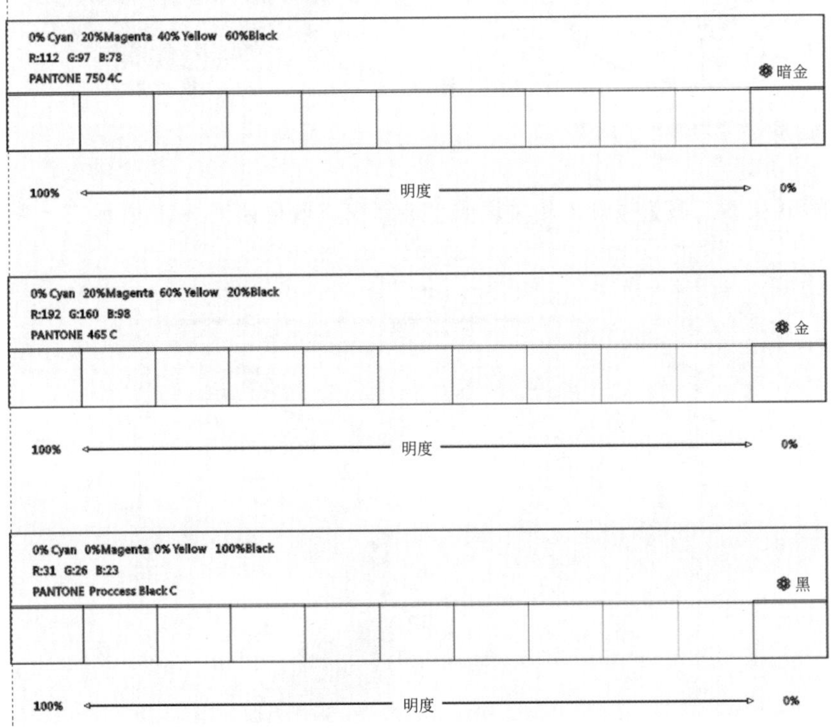

图 3-57 复制图形

(55) 按上述方法对图形进行均匀填充，颜色从栗色到白色依次渐变，如图 3-58 所示。

图 3-58 均匀填充对象 2

(56) 填充复制出的颜色分别是由“金”“黑”到白色的依次渐变，用【文本工具】字输入相关说明。最终完成效果如图 3-59 所示。

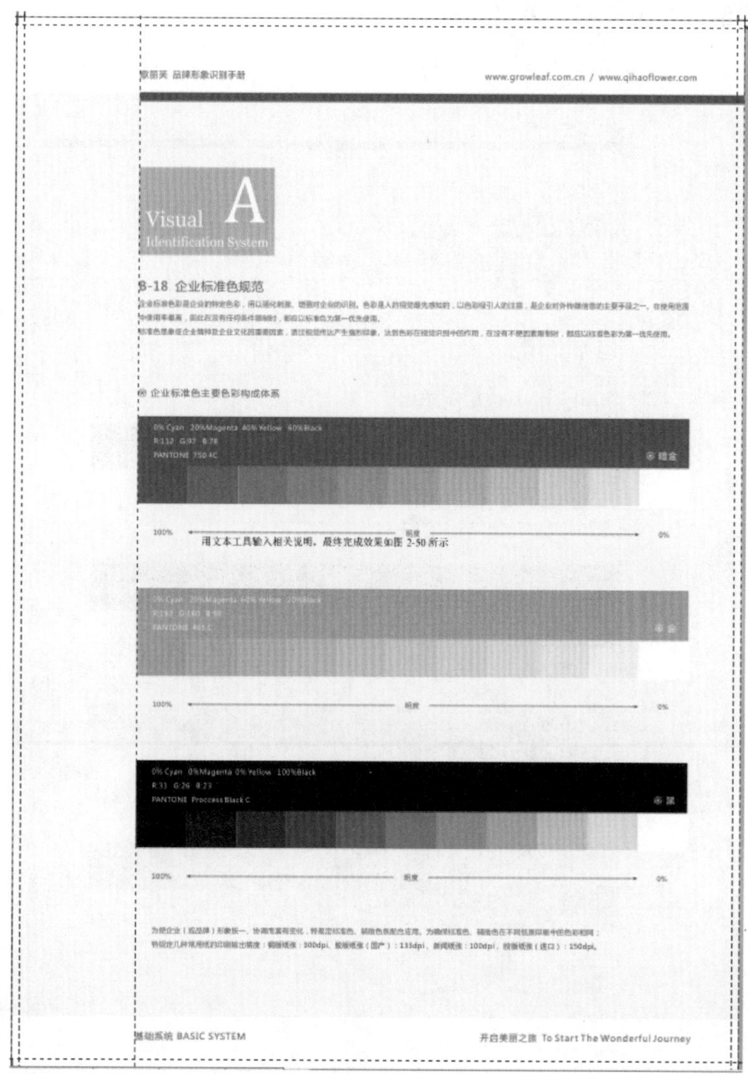

图 3-59　完成效果 12

(57) 企业辅助色规范。新建一页，复制模板，复制上层绘制出的矩形，如图 3-60 所示，复制 4 份。

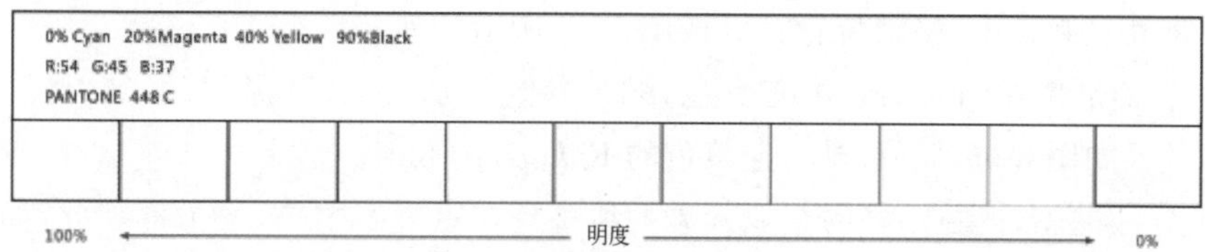

图 3-60　复制模板

(58) 按上层填充颜色方法进行,初始颜色分别是(C:0,M:20,Y:40,K:90)、(C:0,M:30,Y:50,K:70)、(C:0,M:10,Y:20,K:30)、(C:0,M:0,Y:0,K:70)渐变到白,用【文本工具】字输入相关说明。最终完成效果如图 3-61 所示。

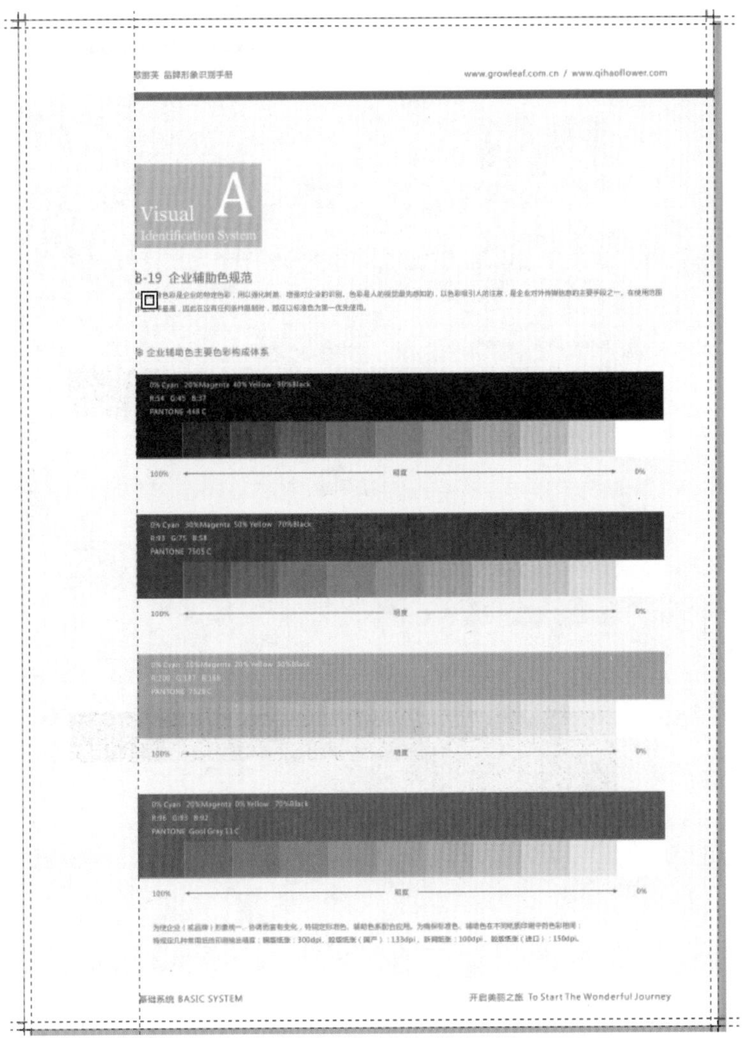

图 3-61 完成效果 13

(59) 标志背景色使用规范。新建一页,复制模板,单击工具箱中的【矩形工具】,制作出一个矩形(长 71.8mm、高 76mm),再选择工具箱中的【形状工具】,调整矩形角的弧度。将其复制 5 个,移动位置将其按图 3-62 所示排列。

(60) 将矩形由左到右均匀填充颜色,颜色参数分别为"白""黑""50%""黑""栗""墨绿""金",效果如图 3-63 所示,要写上填色的 R、G、B 的数值。

(61) 导入标志,把制作好的企业标志的线稿放在矩形的中央,每个都如此,如图 3-64 所示。

图 3-62　矩形排列方法

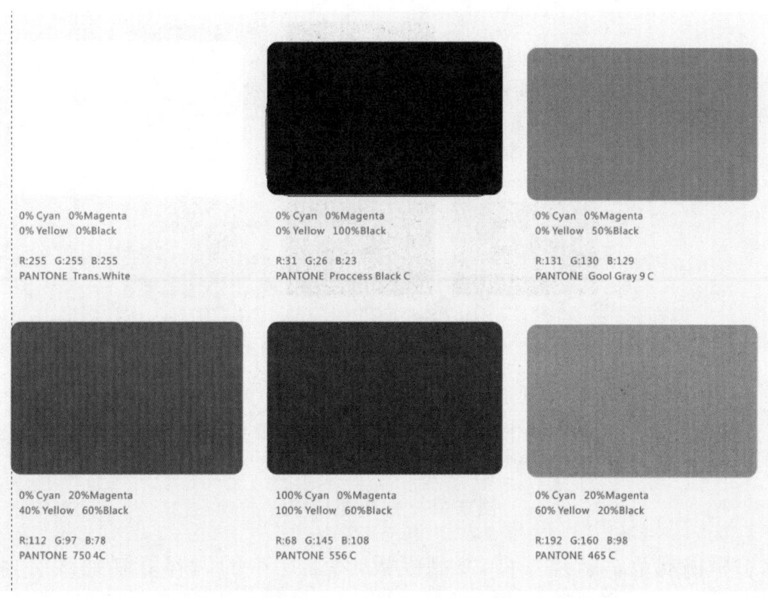

图 3-63　将矩形进行颜色填充

图 3-64　标志放置 3

（62）将白色矩形中的标志改为黑色，其余矩形中的标志改为白色，用【文本工具】字输入相关说明。最终完成效果如图3-65所示。

图 3-65　完成效果 14

（63）标志墨稿规范。新建一页，复制模板，将上层中的内容复制到该层，将所有标志改为黑色并调整位置，将背景改为由白到黑渐变，如图3-66所示。

图 3-66　填充标志

图 3-66　（续）

（64）最后 4 幅不适合采用上述方法。应用【2 点线工具】绘制出一条斜线，将其变为红色放置在其中，如图 3-67 所示。

图 3-67　斜线绘制

（65）用【文本工具】输入相关说明。最终完成效果如图 3-68 所示。

（66）标志反白规范制作。新建一页，复制模板，将上层中的内容复制到该层，将所有标志改为白色，将背景改为由黑到白渐变。用【文本工具】输入相关说明。最终完成效果如图 3-69 所示。

歌丽芙 品牌形象识别手册　www.growleaf.com.cn / www.qihaoflower.com

Visual A Identification System

B-21 标志墨稿规范

标志墨稿

growleaf 歌丽芙

K:100

基础系统 BASIC SYSTEM　开启美丽之旅 To Start The Wonderful Journey

图 3-68　完成效果 15

(67) 标志与背景明暗关系。新建一页，复制模板，单击工具箱中的【矩形工具】，制作出一个矩形(长 74.8mm、高 45.5mm)，导入标志的线稿放在矩形中央，如图 3-70 所示。

(68) 将所画的矩形与标准复制 8 份，适当调整其位置，如图 3-71 所示。

(69) 将前 6 个背景色由白到黑渐变填充，剩余 3 个填充颜色为“翠绿”“栗”“白”，用【文本工具】字输入相关说明。最终完成效果如图 3-72 所示。

图 3-69　完成效果 16

图 3-70　标志放置 4

图 3-71　位置放置

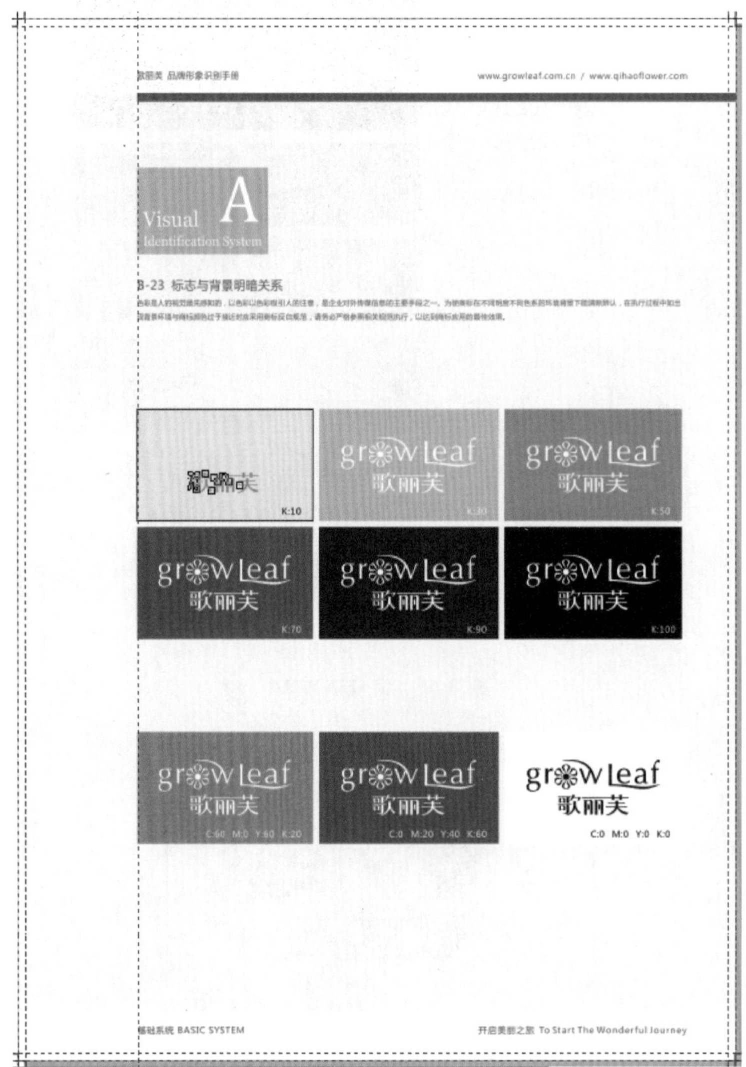

图 3-72　完成效果 17

(70) 标志特定彩色效果展示。新建一页,复制模板,单击工具箱中的【矩形工具】 ,制作出一个矩形(长 90.0mm、高 55.7mm),导入标志的线稿,放在矩形中央,如图 3-73 所示。

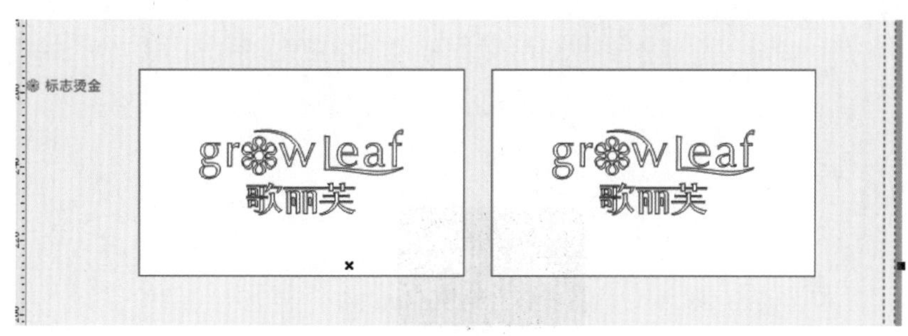

图 3-73　标志放置 5

(71) 填充背景和标志的颜色。选择均匀填色填充标志金色,白色和黑色分别填充背景,如图 3-74 所示。

图 3-74　填充标志和背景

(72) 再将图 3-74 复制 1 份,将标志变为浅灰色,如图 3-75 所示。

图 3-75　浅灰标志

(73) 用【文本工具】字 输入相关说明。最终完成效果如图 3-76 所示。

(74) 标志特定色彩效果展示。新建一页,复制模板,用制作完成的标志线稿,调整至合适大小,然后按键盘上的＋键复制出 4 个,并调整其位置,以方便制作出不同颜色的版本,如图 3-77 所示。

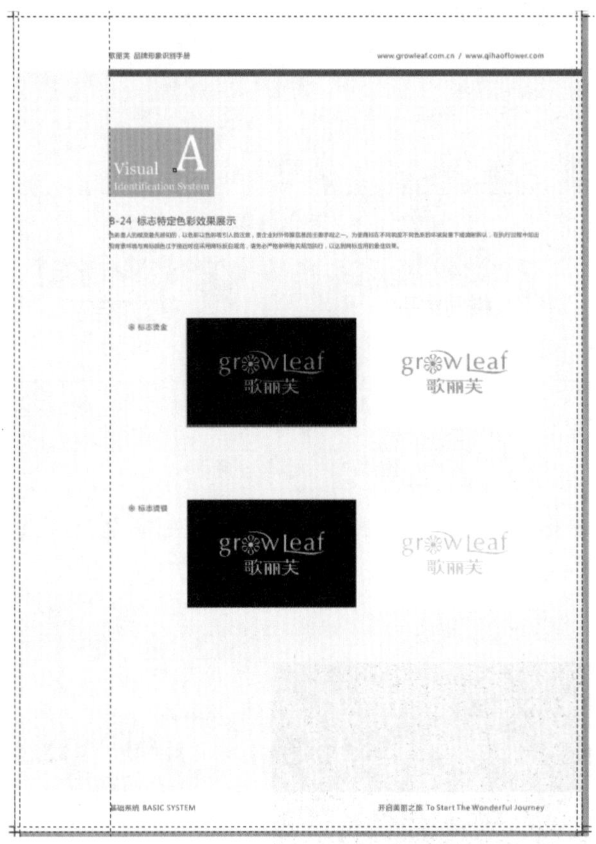

图 3-76 完成效果 18

（75）第一个标志英文部分颜色为栗色、中文部分为春绿，其余标志分别为“黑”“金”“浅灰”，效果如图 3-78 所示。

图 3-77 复制与位置调整　　　　图 3-78 标志的颜色填充

(76) 用【文本工具】字输入相关说明。最终完成效果如图 3-79 所示。

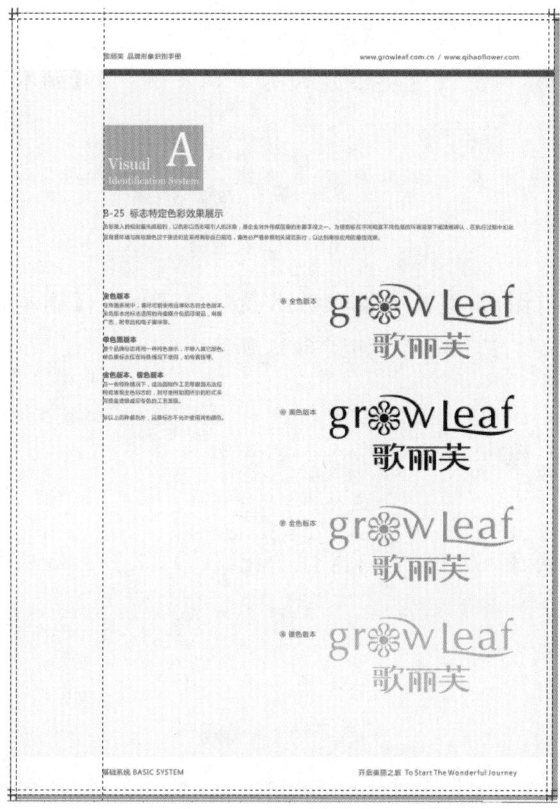

图 3-79　完成效果 19

(二) 应用部分

1. 玻璃门色带制作

(1) 玻璃门色带装饰设计规范。新建一页，复制模板，打开文件，在常用工具栏中单击【导入】按钮，原先设计的花纹如图 3-80 所示。

(2) 选中图标，单击菜单栏中的【排列】|【变换】|【位置】命令，在弹出的对话框中勾选【相对位置】复选框，设置相应参数如图 3-81 所示，单击【应用】按钮，如图 3-82 所示。

图 3-80　导入花纹

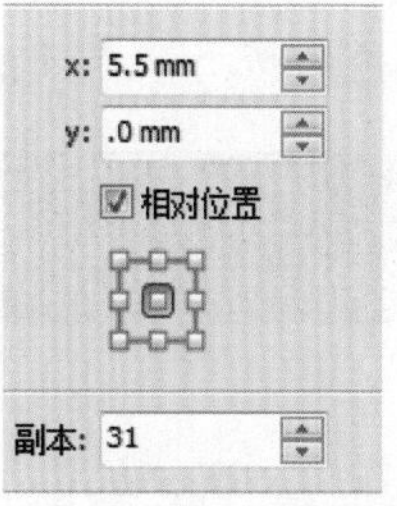

图 3-81　参数调整

图 3-82　变换效果

(3) 选中所有图形,再更改变换参数 X 为 2.5、Y 为－3,【副本】为 5,单击【应用】按钮,如图 3-83 所示。

图 3-83　二次变换

(4) 再次选中所有图形,更改变换参数 X 为 0、Y 为－6,【副本】为 1,单击【应用】按钮,删除第二行、第四行右边第一个,如图 3-84 所示。

图 3-84　三次变换

(5) 按上述方法再在下方多出一行(31 个花纹的),如图 3-85 所示。

图 3-85　完成图

(6) 再用【矩形工具】拉出 3 个相同矩形(长 172.0mm、高 15.0mm),选择【填充颜色】,在工具组中选择【均匀填充】命令,在弹出的对话框中调整颜色参数为(C:1,M:0,Y:1,K:50),然后在工具栏中长按【交互式调和工具】,弹出【阴影】,在长方形底部拉出阴影,如图 3-86 所示。

图 3-86　底部阴影

(7) 填充其余矩形,颜色参数为(C:0,M:20,Y:40,K:60)、(C:0,M:0,Y:0,K:0),选中褐色与灰色矩形,再按键盘上的 P 键,使页面居中群组,如图 3-87 所示(如果前面是灰色,可选中灰色再按 Shift+PgUp)。

图 3-87　居中后的长方形

(8) 复制花纹,再选其中一组花纹并右击,一直拖拽到长方形图层上,弹出一个框,选中图框精确裁剪内部。另一组也如此,如图 3-88 所示。

图 3-88　裁剪花纹

(9) 将标志复制其中，用【文本工具】字绘制相关参数，大小如图 3-89 所示。

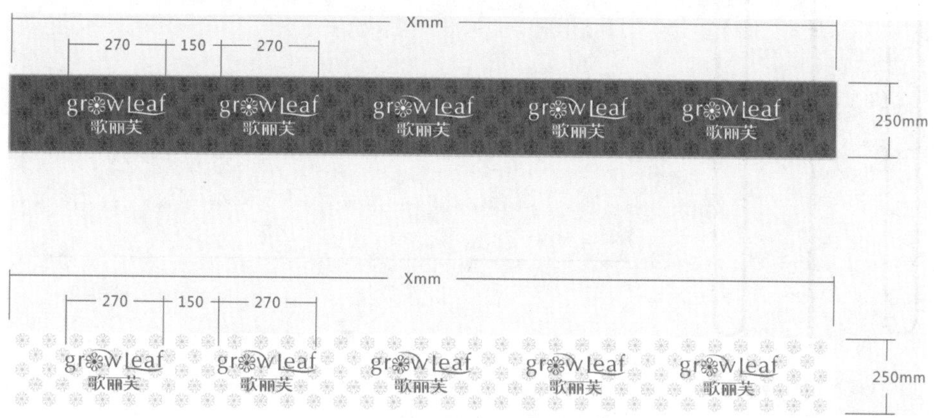

图 3-89　色带完成

2. 门把手的制作

(1) 选中工具栏中的【矩形工具】，拉出外轮廓的两个大长方形(长 222.0mm、229.5mm，高 118.0mm、121.5mm)。然后拉出 3 个长方形门框(长 74mm、高 118mm)再群组，再拉出小长方形做成门把手(长 1.5mm、高 24.0mm)再群组，如图 3-90 所示。

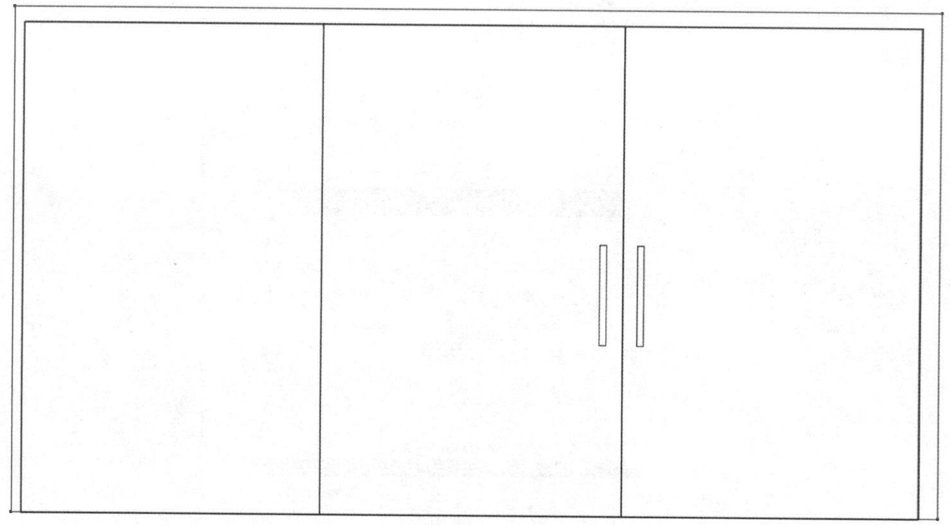

图 3-90　门框绘制

(2) 选择门把手中部，单击【形状工具】，将门把手外轮廓拉圆滑，如图 3-91 所示。

(3) 选中门，按上述方法填充颜色参数为(C:0,M:0,Y:0,K:30)，门把手颜色参数为(C:0,M:0,Y:0,K: 0)。单击【调和工具】，在工具组中选择透明度，在门上拉出透明

度，如图 3-92 所示。

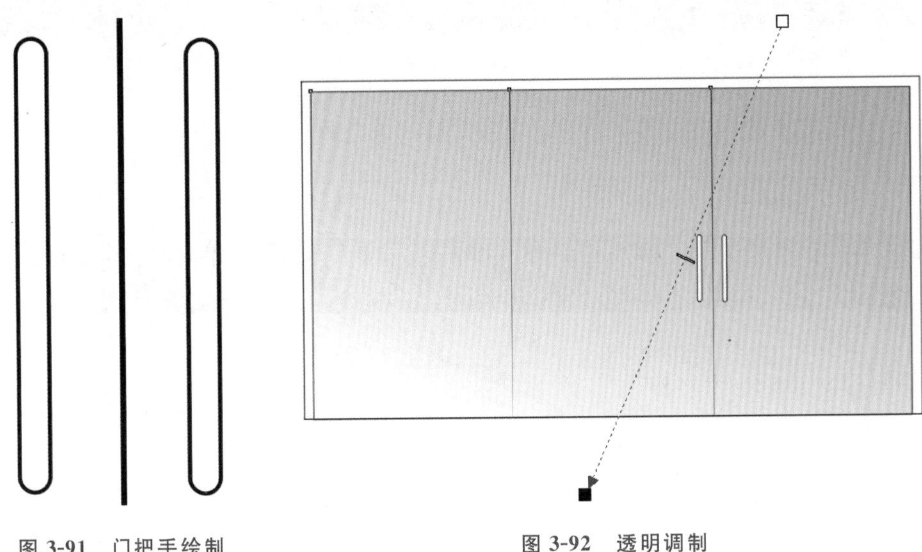

图 3-91　门把手绘制

图 3-92　透明调制

(4) 单击工具箱中的【手绘工具】，拉出门上面的条形。再将花纹拉至适当位置(适当调整图前后关系)，用文本输入相关说明。最终效果如图 3-93 所示。

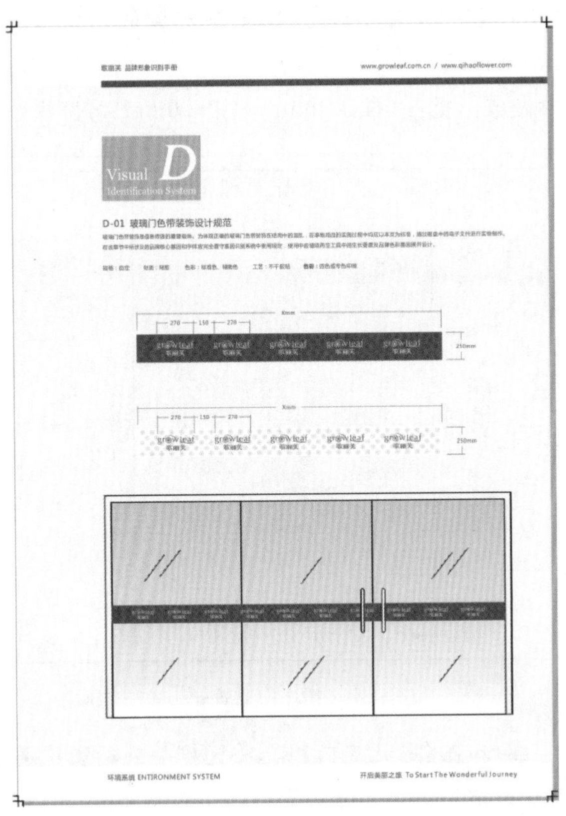

图 3-93　最终图像效果

3. 办公室门牌制作

(1) 装饰办公室门牌设计规范。新建一页,复制模板。标牌制作,用上述方法绘制两个相同长方形(长 105.5mm、高 12.5mm),然后绘制一个小长方形(长 68.8mm、高 48.0mm),如图 3-94 所示。

图 3-94 长方形绘制图

(2) 按上述方法圆滑长方形角,为两个大长方形与小长方形填充颜色参数,分别为(C:1,M:0,Y:1,K:50)、(C:0,M:20,Y:40,K:60)、(C:0,M:20,Y:40,K:90),如图 3-95~图 3-97 所示。

(3) 按上述方法为灰色矩形上投影。在按键盘上的 P 键使页面居中,适当调整小正方形位置再群组,如图 3-98 所示。

图 3-95　阴影底部

图 3-96　覆盖图层 1

图 3-97　覆盖图层 2

图 3-98　矩形的最终效果

(4) 导入标志与花纹文件，如图 3-99 所示。

图 3-99　标志文件

(5) 将输入标牌中的文字设置为“方正粗宋体”，大小为 24pt，英文部分的字体为 Cambria，大小为 125pt。适当拖至矩形，标志、花纹(花纹用图框精确裁切内部的方法)位置如图 3-100 所示。

图 3-100　标牌绘制完成

(6) 用上述方法绘制线段度量器，输入相关线段长度，如图 3-101 所示。

图 3-101　标牌最终效果

(7) 复制模板，用相同方法绘制其他标牌，如图 3-102 所示。

图 3-102　标牌绘制

(8) 用【文本工具】字输入相关说明，最终效果如图 3-103 所示。

4. 公共标识牌制作

(1) 公共标识牌设计规范。新建一页，复制模板，复制上层中制作的门牌，单击菜单栏的【排列】|【变形】|【旋转】命令，旋转成 90°，如图 3-104 所示。

(2) 按上述方法绘制其余标牌图，用【文本工具】字输入相关说明，如图 3-105 所示。

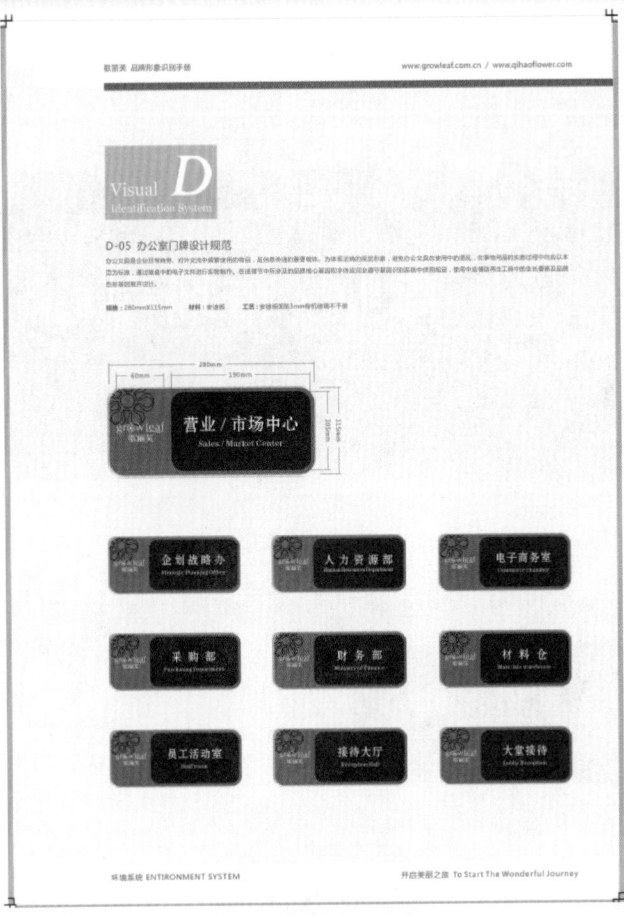

图 3-103　完成效果 20

图 3-104　公共标识牌效果

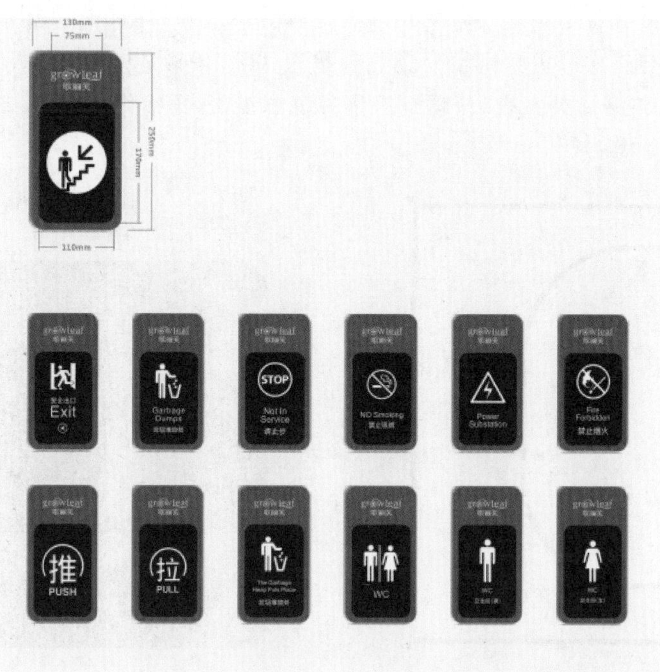

图 3-105　标牌绘制完成

(3) 绘制一个矩形(长 28.0mm、高 65.1mm),用【形状工具】对矩形左边上、下两角进行圆角处理,如图 3-106 所示。

(4) 绘制一个小矩形(长 2.5mm,高 2.0mm)并放置在图 3-106 适当位置,进行修剪,效果如图 3-107 所示。

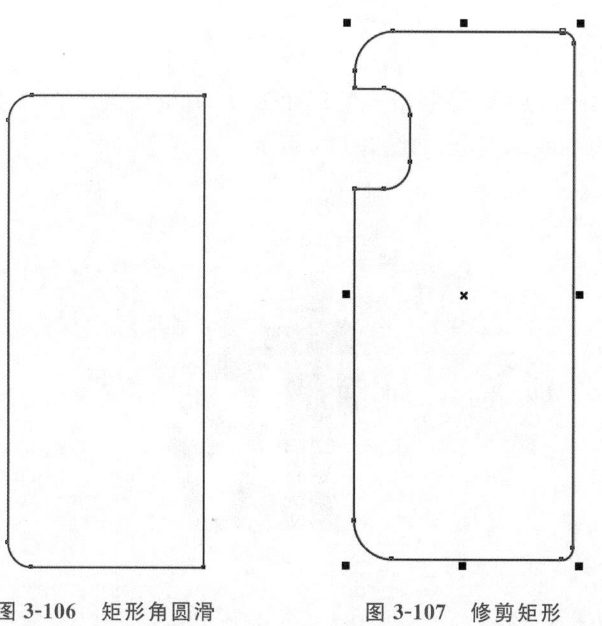

图 3-106　矩形角圆滑　　图 3-107　修剪矩形

(5) 按上述方法将小矩形与较大矩形进行修剪。效果如图 3-108 所示。

(6) 将一次与二次修剪分别填充颜色参数为(C：0,M：20,Y：40,K：60)、(C：0,M：0,Y：0,K：60),将开口处重合,再群组。将其复制 1 份,再镜像,适当移动位置,更改颜色为黑色,如图 3-109 所示。

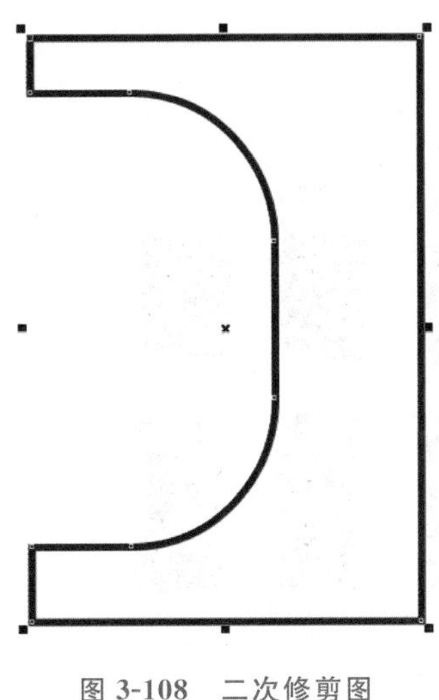

图 3-108　二次修剪图

图 3-109　填充颜色并镜像复制

(7) 绘制一个矩形长 56.0mm、高 4.5mm,按上述方法渐变填充从白→黑→灰→黑,最后单击【确定】按钮,如图 3-110 所示。

图 3-110　底框效果

(8) 选择【椭圆工具】,绘制出一个直径为 9.0mm 的圆,选择【手绘工具】,绘制一个人形,将其放置在圆形上方,如图 3-111 所示。

图 3-111　人物绘制

(9) 将所绘制的图形组合,如图 3-112 所示。

图 3-112　垃圾桶绘制

(10) 将其放置在适当位置,用【文本工具】字输入相关说明,最终效果如图 3-113 所示。

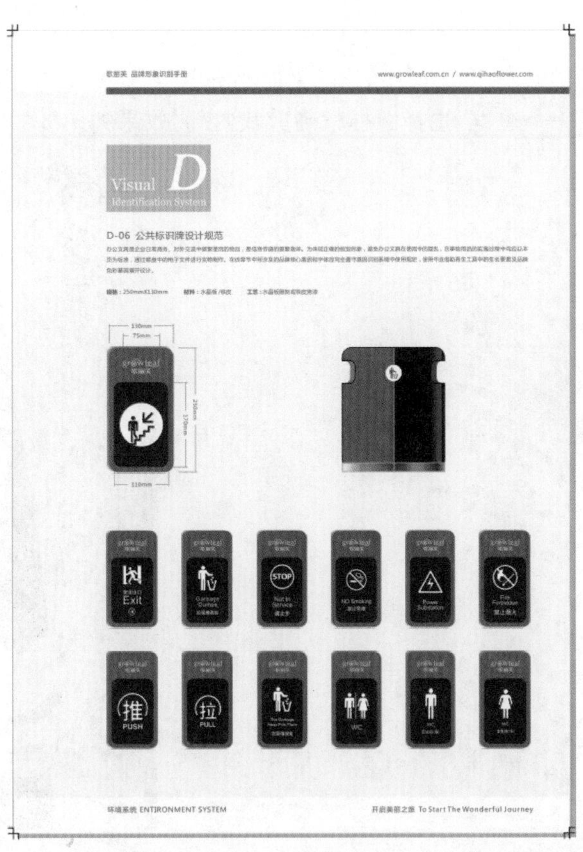

图 3-113　完成效果 21

5. 服饰绘制

(1) 服饰绘制。新建一页,复制模板,打开文件,导入图 3-114 所示模板。

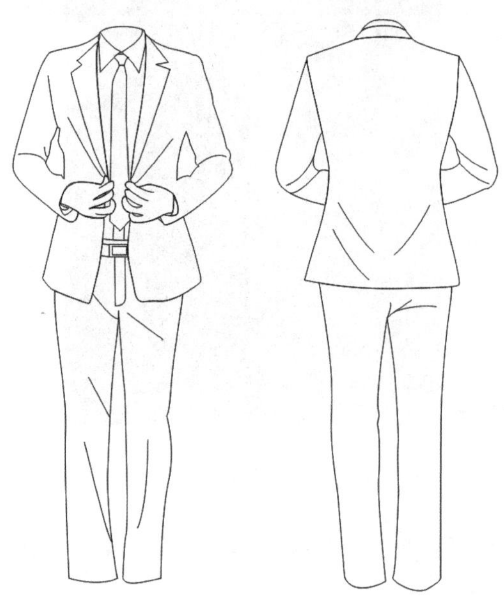

图 3-114　导入服饰

(2) 导入花纹。按上述方法使用【变换】命令,按图 3-115 所示选中图案,一直按住右键拉到领带里,出现一个边框,选择图框精确剪裁内部,效果如图 3-116 所示。

图 3-115　复制图形

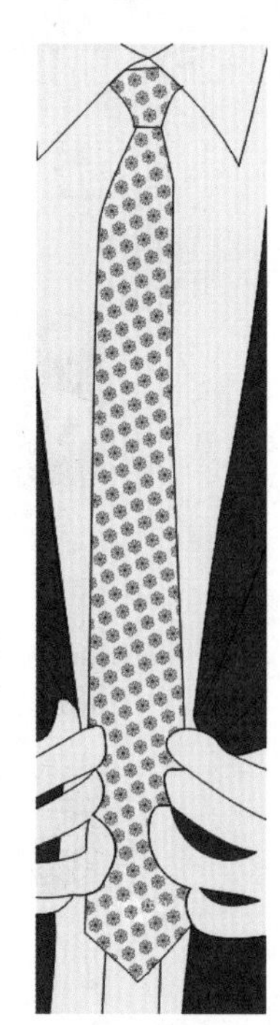

图 3-116　图框精确剪裁

（3）选中服饰，单击工具箱中的【填充工具】，进行均匀填充，将其衣服均匀填充为黑色（C：10，M：0，Y：0，K：85），领带均匀填充为深褐色（C：0，M：20，Y：20，K：60），再选择【渐变填充】，颜色调成黑到灰的渐变，把皮带调成渐变色，完成效果如图 3-117 所示。

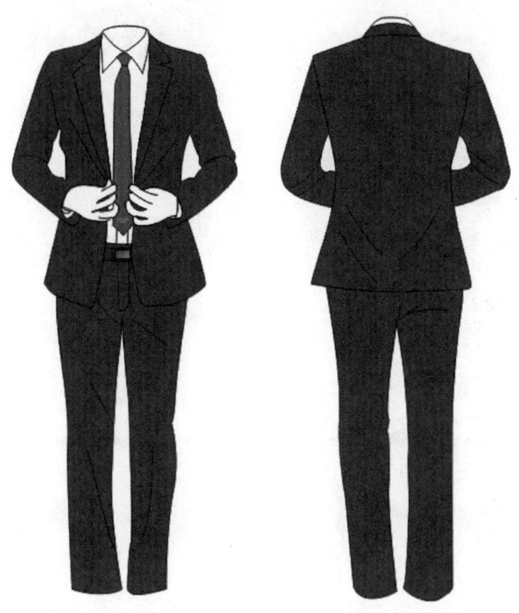

图 3-117　完成效果 22

（4）导入花纹标志图案，如图 3-118 所示（花纹的制作方法后面有详细介绍），复制 1 份把它缩小至适合的大小，然后放在正面西服的胸襟前，如图 3-119 所示。

图 3-118　花纹导入

图 3-119　花纹放置

（5）单击工具箱中的【椭圆形工具】，按住 Ctrl 键，画一个正规的圆，直径为 45.0mm，再用【手绘工具】画一条圆滑的曲线，把圆与花纹标志连接。再复制一个标志，放大并置于圆里，如图 3-120 所示。

(6) 按照以上做法，复制标志把其放置在领带下端，如图 3-121 所示。

图 3-120　标志指引绘制

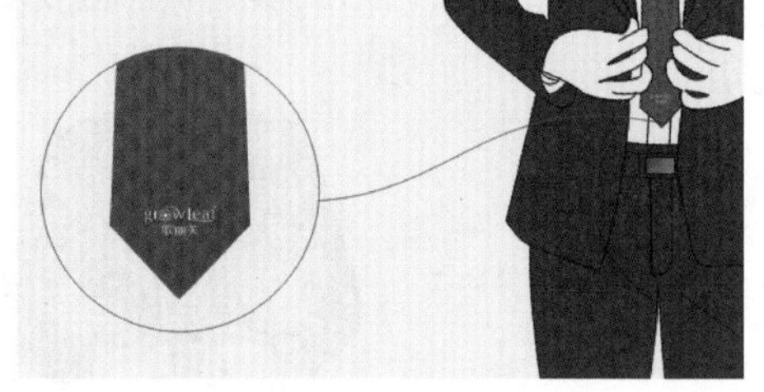

图 3-121　领带标志绘制

(7) 用【文本工具】字输入相关说明。最终效果如图 3-122 所示。

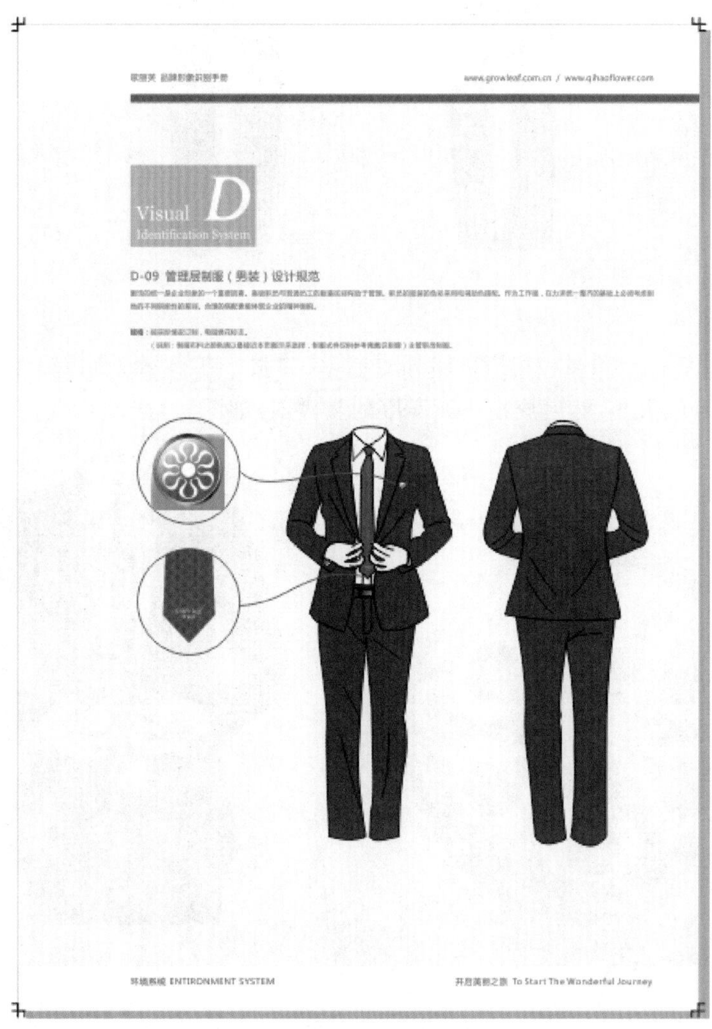

图 3-122　完成效果 23

(8) 导入其余服饰。按上述方法绘制其余服饰,如图 3-123～图 3-126 所示(领带的制作方法后面有详细介绍)。

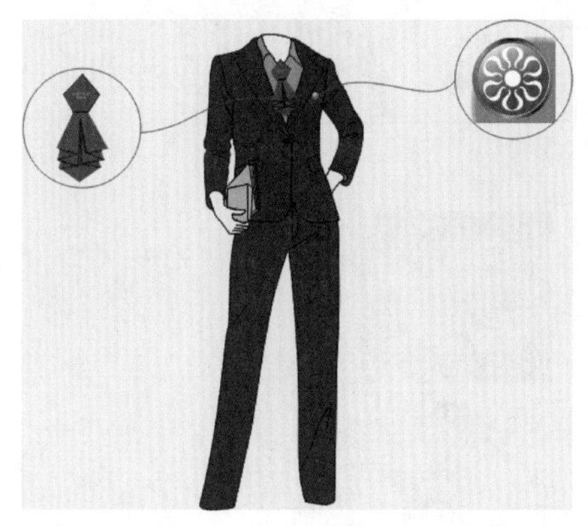

图 3-123　管理层制服(女装)

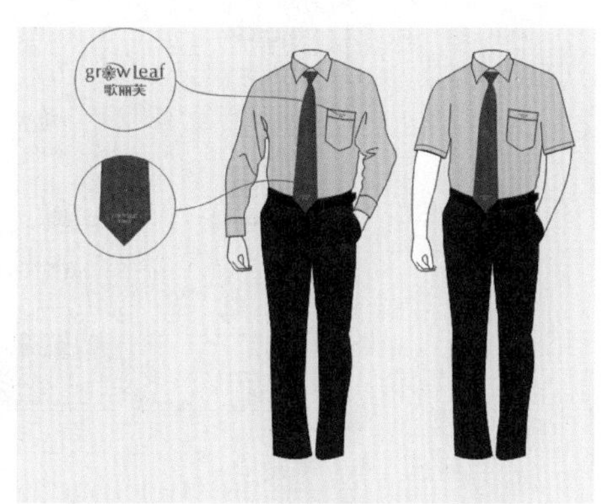

图 3-124　管理层制服(男装)

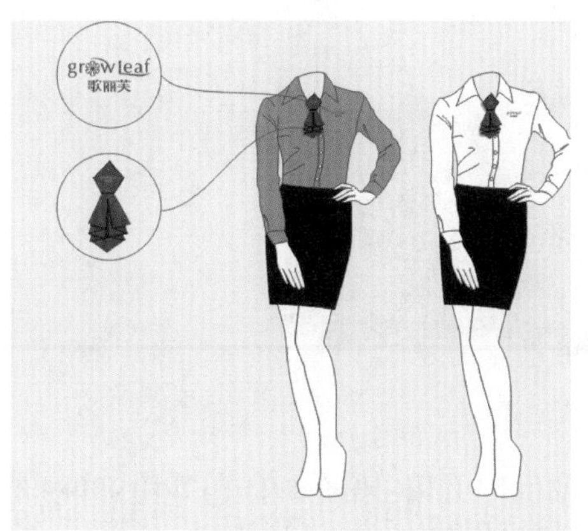

图 3-125　管理层制服夏装(女装)

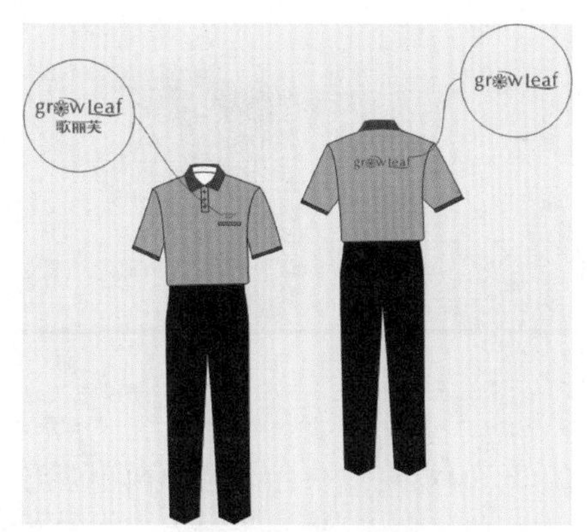

图 3-126　管理层制服夏装(男装)

6. 袖章、徽章制作

(1) 袖章、徽章设计规范。利用【矩形工具】绘制 3 个矩形,长分别为 4.7mm、7.5mm、2.0mm,宽分别为 29.5mm、0.6mm、8.5mm。按上述方法对其进行圆滑角处理(高度最小的不用)。用【椭圆工具】绘制一个圆,将其移至右边,用【修剪工具】修剪,如图 3-127 所示。

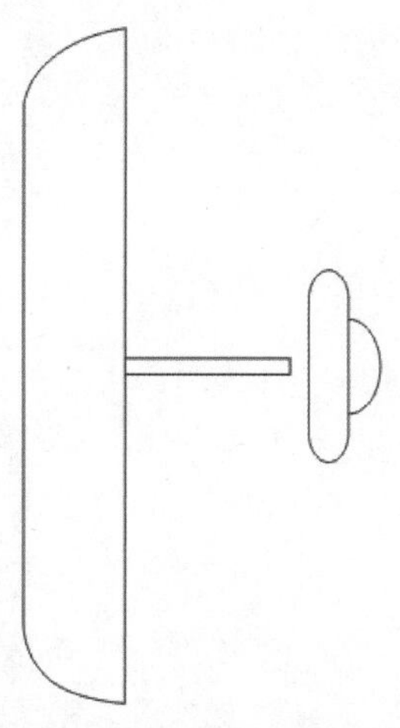

图 3-127　绘制 3 个矩形

(2) 选择【矩形工具】,在页面绘制一个矩形,长 104.5mm、高 36.5mm,对其进行圆滑角处理,选中矩形,单击【渐变填充】工具,参数设置如图 3-128 所示。单击阴影工具,为矩形添加阴影,并设置其轮廓效果为无。完成效果如图 3-129 所示。

(3) 选择【矩形工具】,在页面绘制一个矩形,长 98.0mm、

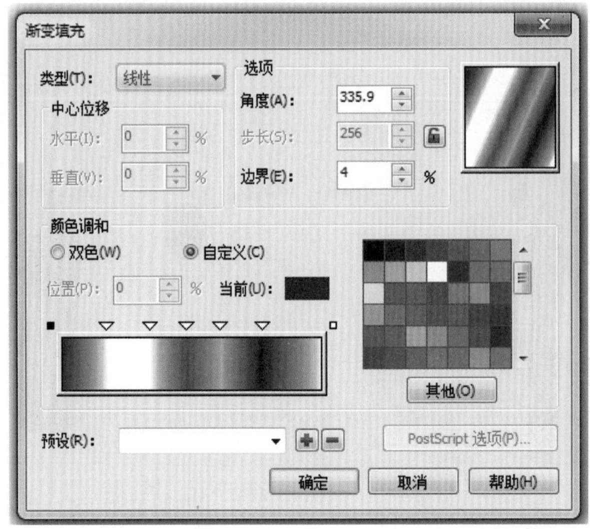

图 3-128　参数调整 1

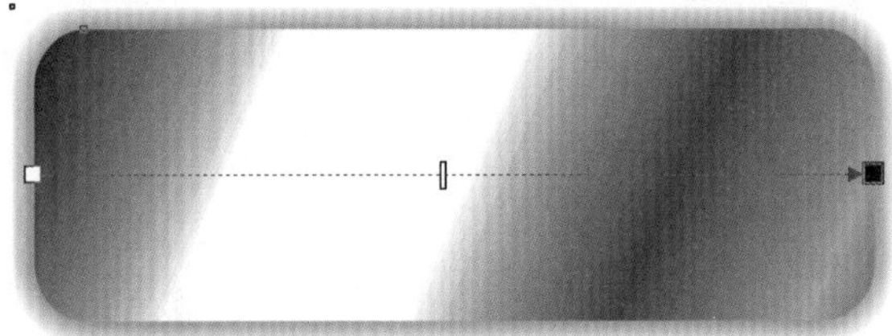

图 3-129　完成效果 24

高 30.5mm,填充浅灰色。选中两个矩形,按键盘上的 P 键,使页面居中,如图 3-130 所示。

（4）导入标志,将标志放在矩形最上层。其最终效果如图 3-131 所示。

图 3-130　两个矩形重叠的效果

图 3-131　标志附加

(5) 复制图 3-131，更改相应颜色，如图 3-132 所示。

图 3-132　更改颜色

(6) 将图 3-127 所示的图形复制，并将其中最大的一个矩形填充为深灰色(C：0，M：0，Y：0，K：90)，利用【手绘工具】绘制一条直线，将其转换为曲线再进行调整，其他不变。最终效果如图 3-133 所示。

(7) 选择【椭圆形工具】，在页面绘制一个正圆，直径为 62.5mm，然后填充黑白渐变色，其他设置参数如图 3-134 所示。单击【阴影工具】，为矩形添加阴影，并设置其轮廓效果为无。最终效果如图 3-135 所示。

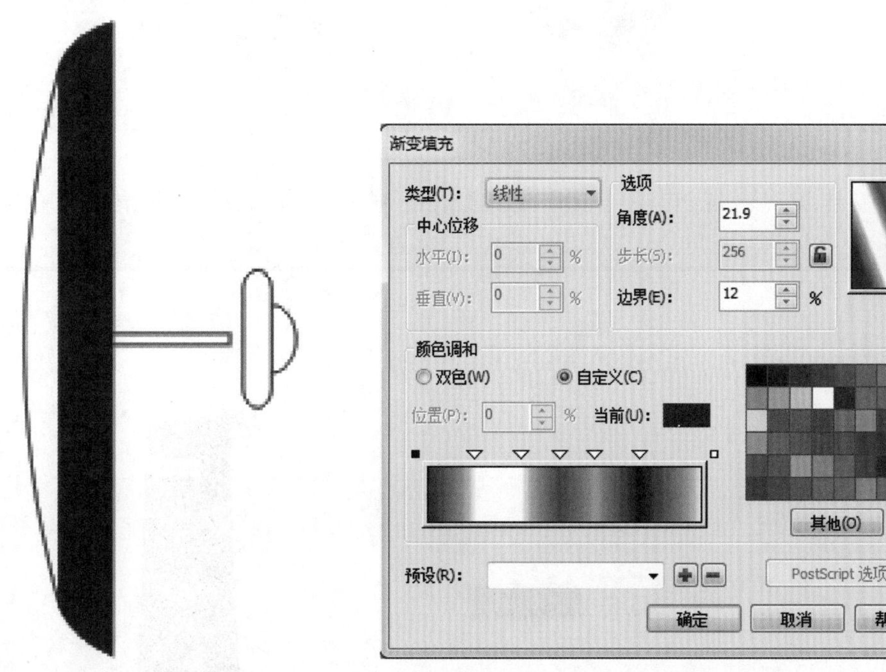

图 3-133　绘制曲线

图 3-134　参数调整 2

(8) 选择【椭圆形工具】，在页面绘制一个正圆，直径为 56.0mm，将其填充为栗色(C：0，M：20，Y：40，K：60)，选中圆按键盘上的 P 键，使页面居中。效果如图 3-136 所示。

(9) 导入花纹，放置在圆形中间并群组。再复制一个图形，更改颜色，并放置在适当位置。效果如图 3-137 所示。

(10) 用【文本工具】字输入相关说明，最终效果如图 3-138 所示。

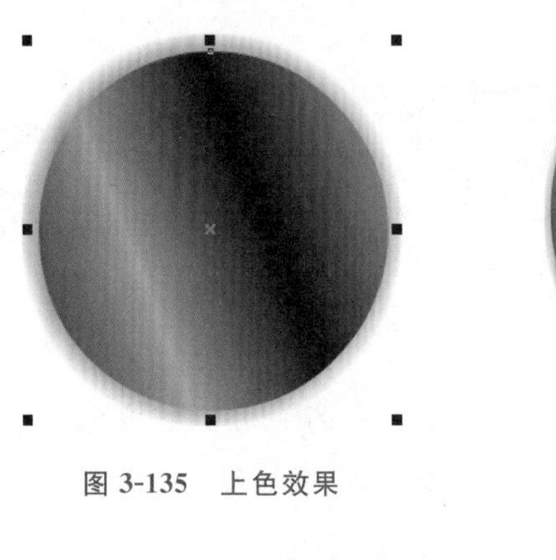

图 3-135　上色效果

图 3-136　绘制效果

图 3-137　完成效果 25

7. 领带制作

(1) 领带制服设计规范。用【钢笔工具】绘制一个封闭图形，并填充黑色，如图 3-139 所示。

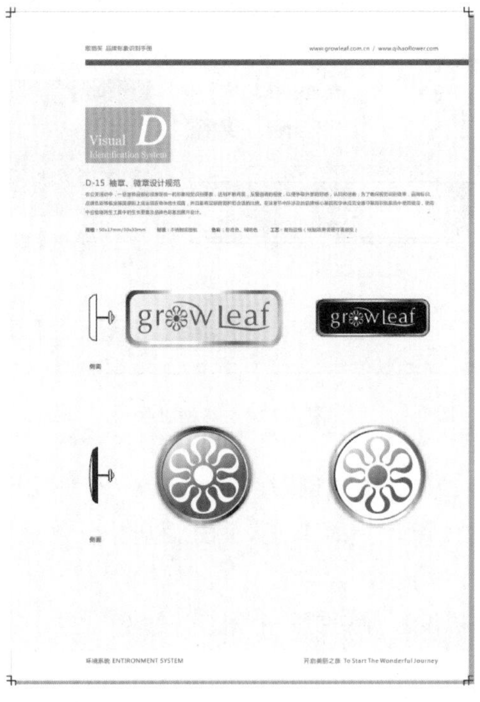

图 3-138　完成效果 26

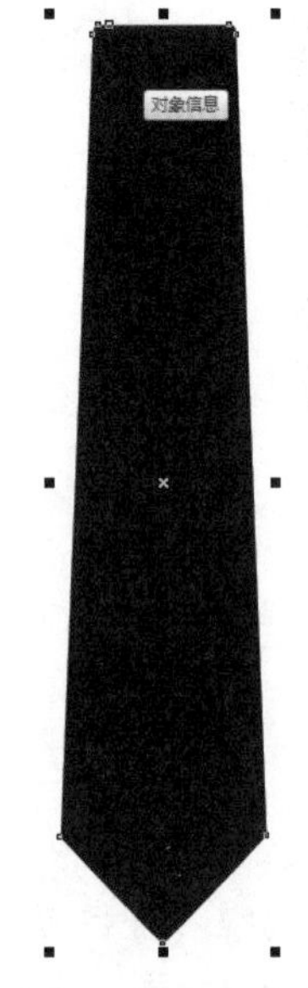

图 3-139　领带绘制

(2) 将花纹填充为深棕色(C：0，M：30，Y：50，K：70)，按上述方法对其位置进行变换。第一次变换(第一次变换后群组)参数如图 3-140 所示，第二次变换参数如图 3-141 所示，完成效果如图 3-142 所示。

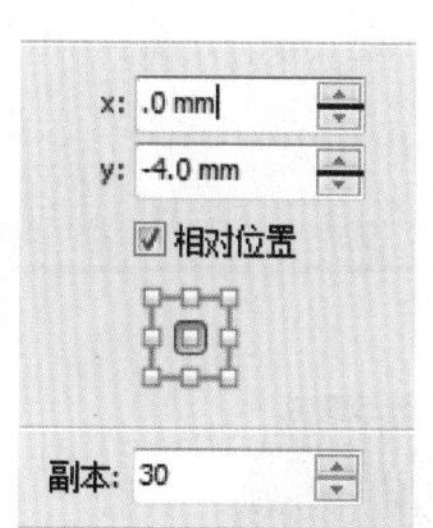

图 3-140　第一次变换参数设置

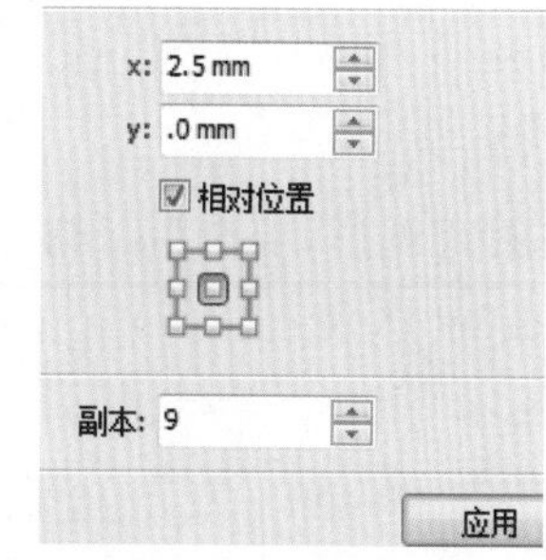

图 3-141　第二次变换参数设置

图 3-142　完成效果 27

(3) 再隔排错开，按上述方法将花纹"图框精确裁剪内部"后，再将标志置于领带下端。其效果如图 3-143 所示。

图 3-143　装饰领带完成

(4) 复制两个领带,更改底色为栗色(C: 0,M: 20,Y: 40,K: 60)、(C: 0,M: 0,Y: 0,K: 30),上面的花纹改为黑色。再复制一个领带,将其适当缩小,【渐变填充】参数为(C: 31,M: 31,Y: 31,K: 44)、(C: 0,M: 0,Y: 0,K: 30),最后旋转放置到领带后。最终排版效果如图 3-144 所示。

图 3-144 领带绘制完成

(5) 在页面绘制一个封闭图形,并填充黑色,并把花纹辅助图案变换位置排列后,精确裁剪到图形内部,如图 3-145 所示。

(6) 在图形边缘绘制一些封闭图形,填充为深棕色(C: 0,M: 30,Y: 50,K: 70),并将透明度降低到 50%。效果如图 3-146 所示。

图 3-145 填充并裁剪到图形内部

图 3-146 绘制封闭图形并填充颜色

(7) 在适当位置绘制出图形,如图 3-147 所示。将其置于最底部,填充黑色,并将花纹辅助图案变换位置排列后,精确裁剪到图形内部,如图 3-148 所示。

图 3-147　绘制图形

图 3-148　精确裁剪

(8) 将图形添加阴影,再在 4 个三角位添加一个三角形,填充为白色。再将其调整渐变透明度,其效果如图 3-149 所示。

(9) 导入标志,将标志填充为白色,移动到领带领结上,如图 3-150 所示。

图 3-149　调整渐变透明度

图 3-150　放置标志

(10) 复制两个领带,分别将其底色改为栗色、浅灰色。最后绘制一个封闭图形,填充为浅灰色,并放置于最后一个领带之下,再将花纹辅助图案变换位置排列后,精确裁剪到图形内部。最终排版效果如图 3-151 所示。

图 3-151　排版效果

(11) 用【文本工具】字输入相关说明,完成效果如图 3-152 所示。

图 3-152　完成效果 28

8. 围巾制作

(1) 管理层绘制围巾设计规范。绘制两个矩形，长 45.5mm、0.8mm，高 176.0mm、18.5mm，并填充栗色，将小矩形放置到大矩形上方，将小矩形变换位置排列参数，再群组，如图 3-153 所示。完成效果如图 3-154 所示。

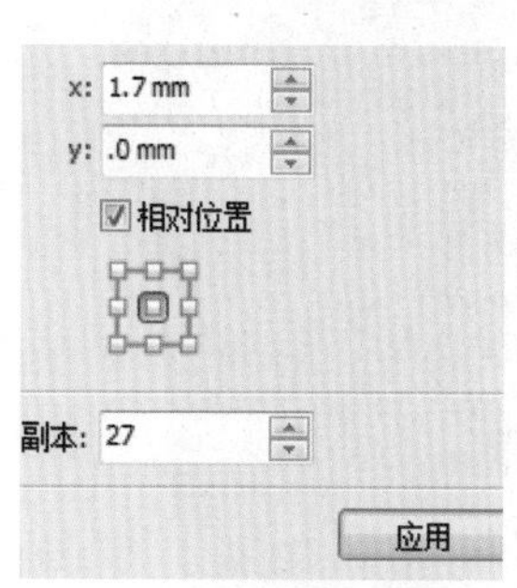

图 3-153　参数设置 3

图 3-154　完成效果 29

(2) 将排列好的矩形复制到大矩形下面，导入花纹，再将花纹按上述方法排列，精确裁剪到图形内部(大矩形)，并将标志填充为白色放置到围巾下方。效果如图 3-155 所示。

(3) 在页面绘制一个封闭图形，并填充为栗色(C：0，M：20，Y：40，K：60)，如图 3-156 所示。在图形上绘制出褶皱，填充为深棕色(C：0，M：30，Y：50，K：70)，如图 3-157 所示。将花纹辅助图案变换位置排列后，精确裁剪到图形内部，如图 3-158 所示。

图 3-155　绘制完成

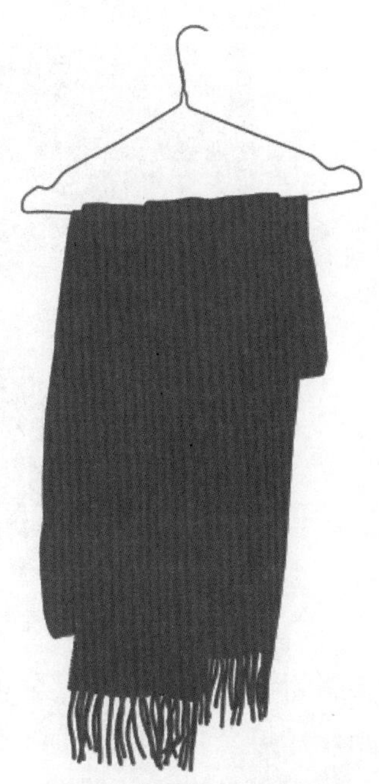

图 3-156　绘制图形

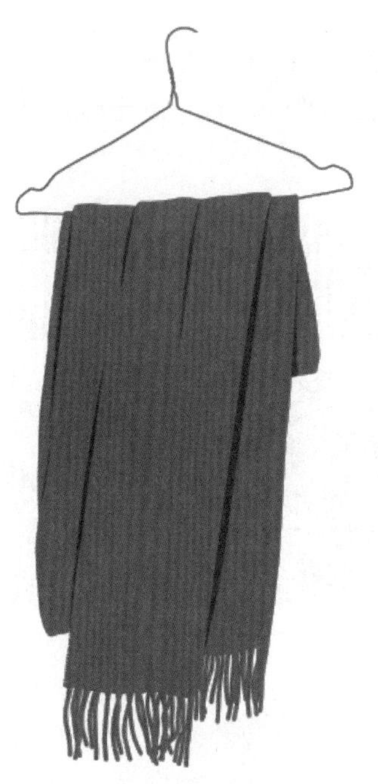

图 3-157 添加褶皱

图 3-158 精剪到内部

(4) 制作标签时,先绘制一个矩形,长 5mm、高 11.5mm,稍微旋转角度,填充颜色为(C: 0,M: 20,Y: 40,K: 80),将标志填充为白色,放置在矩形上方,将其群组并移动到适当位置,如图 3-159 所示。

图 3-159 绘制并添加标签

(5) 绘制一个矩形,长 92.5mm、高 3.5mm,调节矩形的边角圆滑度,并填充渐变色,其设置如图 3-160 所示。填充颜色后放置在适当位置,效果如图 3-161 所示。

(6) 用【文本工具】字输入相关说明,最终效果如图 3-162 所示。

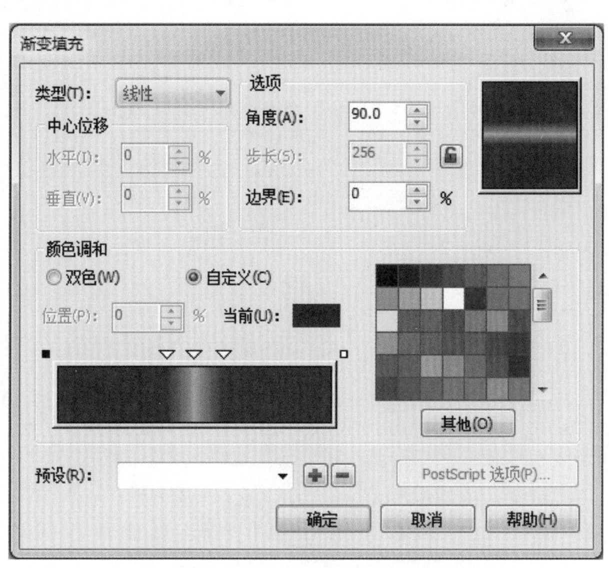

图 3-160 【渐变填充】对话框 1

图 3-161 完成效果 30

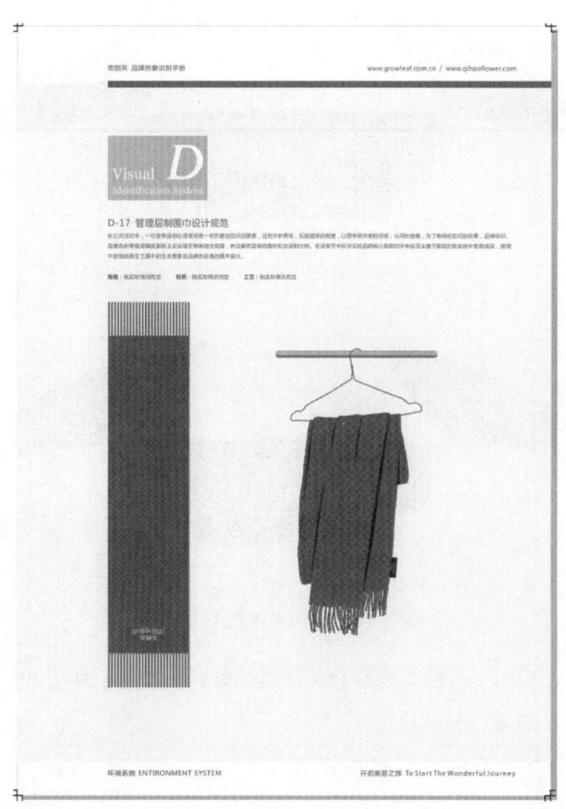

图 3-162 完成效果 31

9. 品牌雨伞制作

(1) 品牌雨伞制作规范。用【手绘工具】画出几个封闭图形,组成一个伞的形状,如图 3-163 和图 3-164 所示。

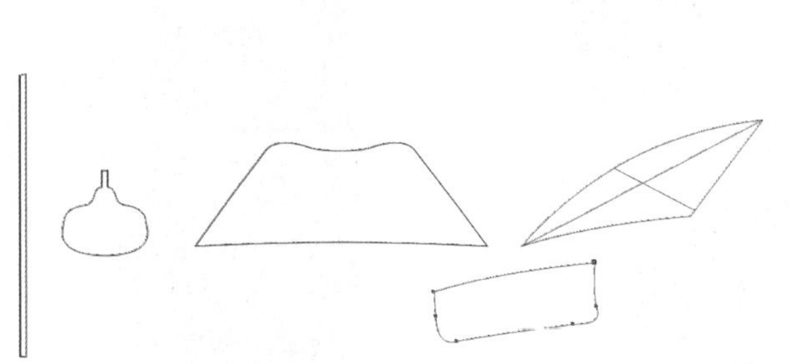
图 3-163 封闭图形

图 3-164 伞的绘制

(2) 在伞的上部加上合适的颜色,白色和栗色(C:0,M:20,Y:40,K:60),添加完颜色的效果如图 3-165 所示。将上部绘制的花纹辅助图案变换位置排列后,精确裁剪到相应图形的内部,如图 3-166 所示。

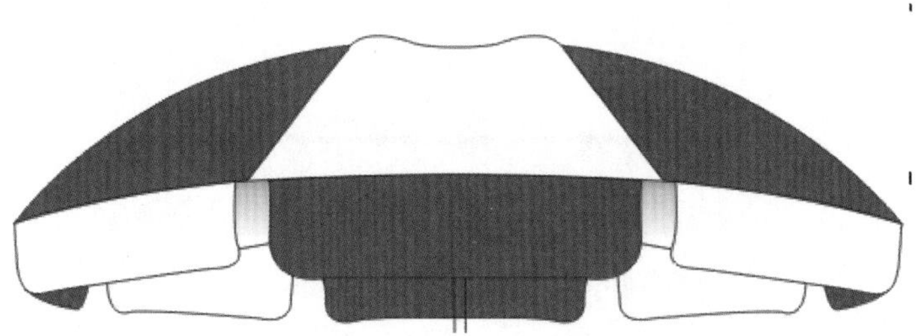
图 3-165 添加颜色

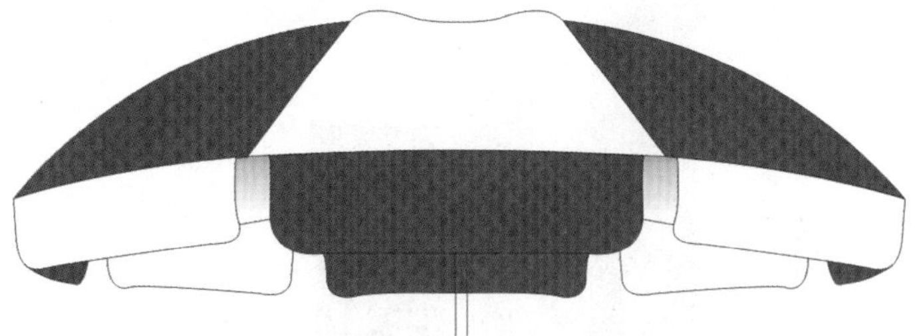
图 3-166 精确裁剪到局部

(3) 伞杆的部分,选择【渐变填充】,将灰色渐变到白色再到灰色,如图 3-167 所示,填充后的效果如图 3-168 所示。

(4) 到伞的底部,选择黑色到褐色的渐变,参数设置如图 3-169 所示,填充后的效果如图 3-170 所示。

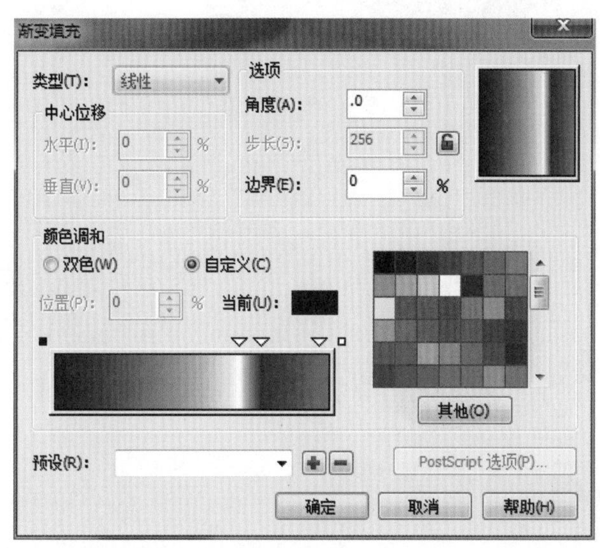

图 3-167　【渐变填充】对话框 2

图3-168　伞杆完成效果

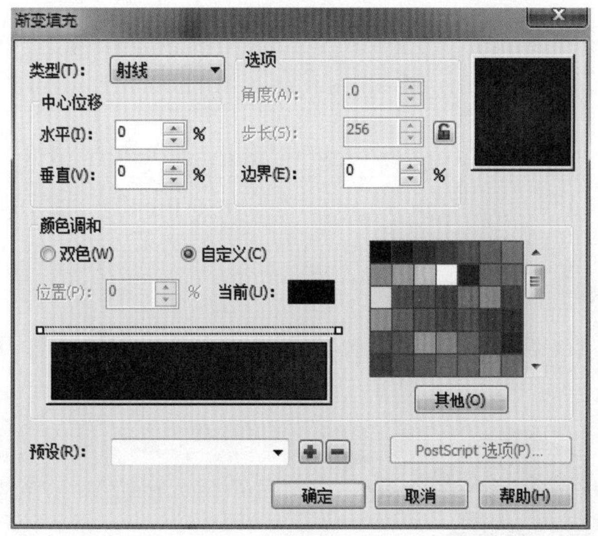

图 3-169　【渐变填充】对话框 3

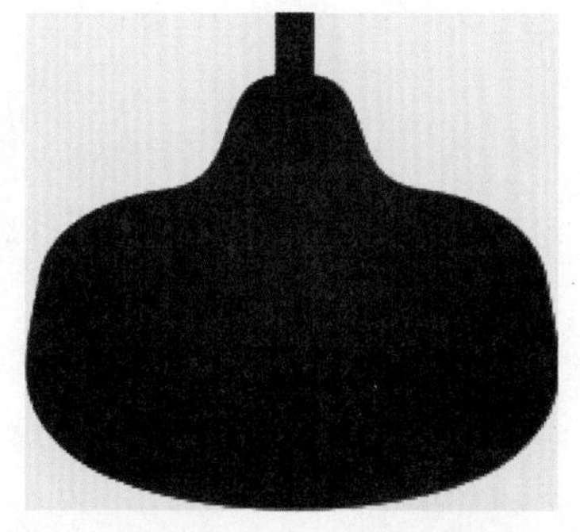

图 3-170　伞的底座效果

（5）再用【手绘工具】绘制出一个小的扇形，在工具箱选择【渐变填充】，选择灰色到白色渐变，以阴影的方式放在伞的相应位置，再用不同的方法把标志放入伞中。效果如图 3-171 所示。

（6）到下一个雨伞，用同样的方法把线条画出来。效果如图 3-172 所示。

图 3-171　伞的最终效果

图 3-172　绘制图形

(7) 用相同的方法添加白色和栗色(C：0，M：20，Y：40，K：60)，如图 3-173 所示。

图 3-173　给伞上部上色

(8) 伞杆的颜色(包括最上面的)是由灰色到白色再到灰色,伞的把手处是黑色到褐色的渐变,由灰色到白色渐变,参数设置如图 3-174 和图 3-175 所示,效果如图 3-176 所示。

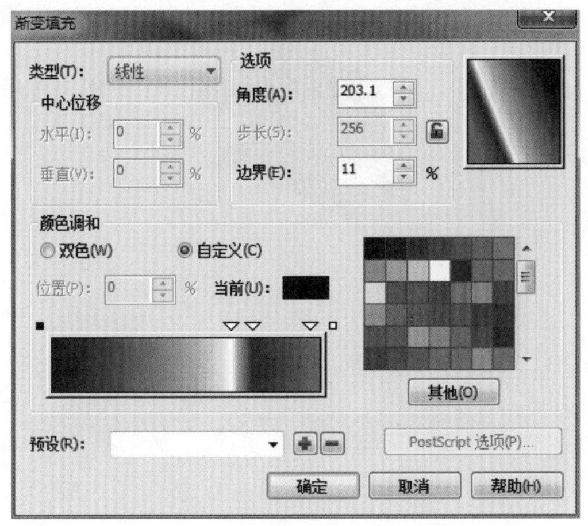

图 3-174 【渐变填充】伞杆

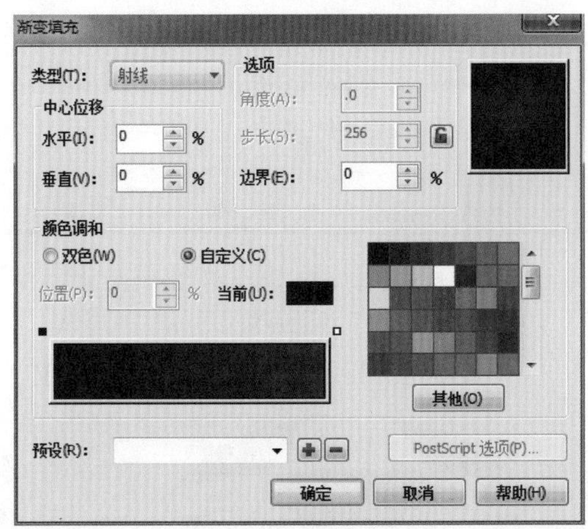

图 3-175 【渐变填充】伞把儿

图 3-176 上色效果

(9) 再将上部绘制的花纹辅助图案变换位置排列后，精确裁剪到相应图形的内部，导入标志放在相应的地方，完成后的效果如图 3-177 所示。

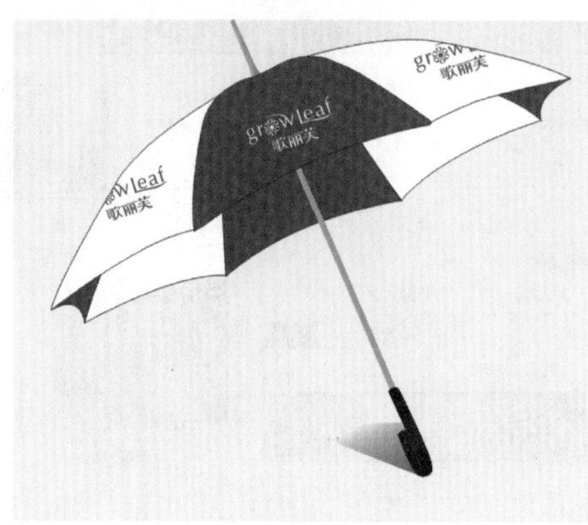

图 3-177　完成效果 32

(10) 用【文本工具】字输入相关说明，最终效果如图 3-178 所示。

图 3-178　完成效果 33

模块四

书籍封面设计

项目一　《画册》封面设计

对于画册封面设计，首先应该从企业自身的特点确定画册封面结构、目录、风格及开本等；其次根据以上结果确定画册封面设计的风格、表现形式、摄影、版面布置及色调等。

画册封面设计应该注意以下元素。

(1) 概念元素。它是指那些不实际存在的、不可见的，但人们的意识又能感觉到的东西。例如，看到尖角的图形，会感到上面有点，物体的轮廓上有边沿线。概念元素包括点、线、面。

(2) 视觉元素。视觉元素如果不在实际的画册封面设计中体现，它将是没有意义的。概念元素通常是通过视觉元素体现的，视觉元素包括图形的大小、外形、色彩等。

(3) 关系元素。视觉元素在画册封面上如何组织、排列，是靠关系元素决定的，包括方向、位置、空间、重心等。

(4) 实用元素。它是指画册封面设计所表达的含义、内容、设计的目的及功能。

本实例最终效果如图 4-1 所示。操作视频请扫描下面的二维码。

图 4-1　《我们这一派》封面和封底

一、项目背景

该项目是作者为顺德首届中小学美术教师绘画展设计的主题为“我们这一派”的优秀作品集封面。绘画中常伴有各式各样的笔刷效果，所以把这种视觉元素和实用元素引用到本项目的设计中，并进行艺术化处理。

二、工作目标

通过学习该封面制作，主要掌握软件中工具箱的常用工具和常用工具栏工具的综合运用，特别是对素材的运用、版面编排的一些规律以及理解封面设计制作的规范与要求等。

三、工作时间

工作时间为3课时。

四、分配任务

先把相关素材共享到每个小组的共享机中，由组长分配每个时间段要完成哪些内容，虽然是独立完成的作品，但对制作过程中遇到的问题要以小组讨论的形式进行探讨解决。

五、工作步骤

（一）绘制图形轮廓

（1）创建新文件。名称为“我们这一派”，大小为A4，分辨率为300dpi，色彩模式为CMYK，如图4-2所示。

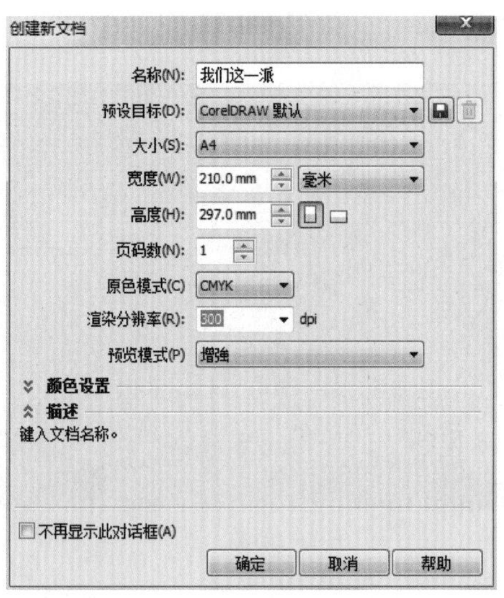

图4-2　新建文档“我们这一派”

(2) 按封面大小创建矩形。双击【矩形工具】，创建大小默认 A4 的矩形，然后调整对象大小为 285.0 mm 285.0 mm 的矩形，可以适当填充灰色，如图 4-3 所示。

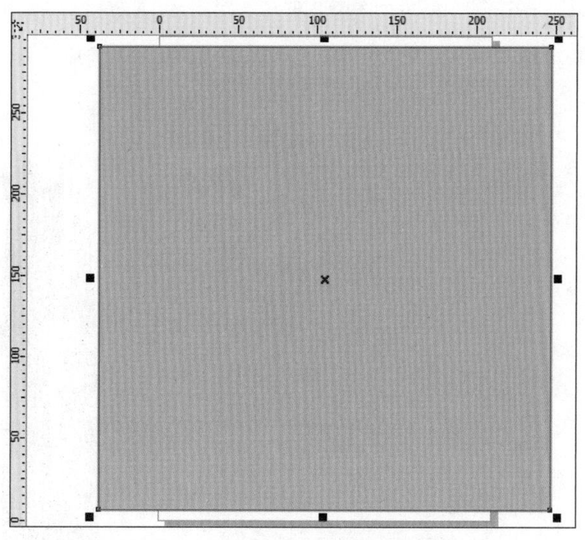

图 4-3　按封面大小创建矩形 1

(3) 导入草图。在常用工具栏中单击【导入】，把原先设计好的草图导入，单击工具箱中的【透明度工具】，单击【选择工具】选择草图，然后在属性栏选择【标准】，透明度自定义为 50%，调整大小并摆放好位置，如图 4-4 所示。

图 4-4　导入"我们这一派"封面草图

（二）导入素材

(1) 导入素材。在常用工具栏中单击【导入】按钮，导入“笔刷”图片素材，并调整至适合的大小，如图 4-5 所示。右击“笔刷”图片，选择快捷菜单中的 快速描摹(Q) 命令，把位图快速转换成可编辑的矢量图，如图 4-6 所示，最后单击“笔刷”图片素材，按键盘上的 Delete 键删除。

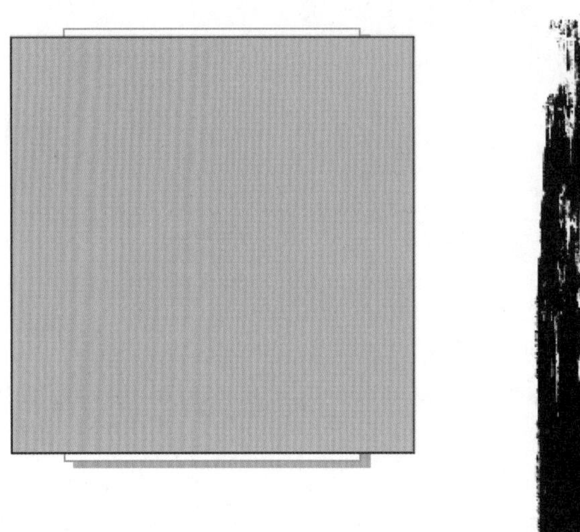

图 4-5　导入“笔刷”素材

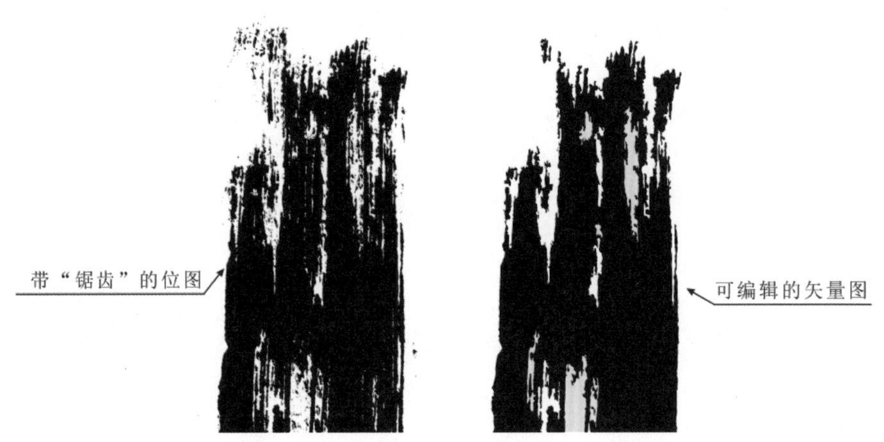

图 4-6　快速描摹图片

(2) 编辑矢量图。把位图快速转换成可编辑的矢量图后，该图是由白色和黑色的色块组成，要把白色的色块删除，如图 4-7 所示。选择矢量图，单击命令栏的【取消群组】，再选择外围白色后按键盘上的 Delete 键删除，留下黑色色块和里面的白色，并全选，之后填充黑色，再单击属性栏中的【焊接】进行合并，得到一块黑色“笔刷”的矢量图，如图 4-8 所示。

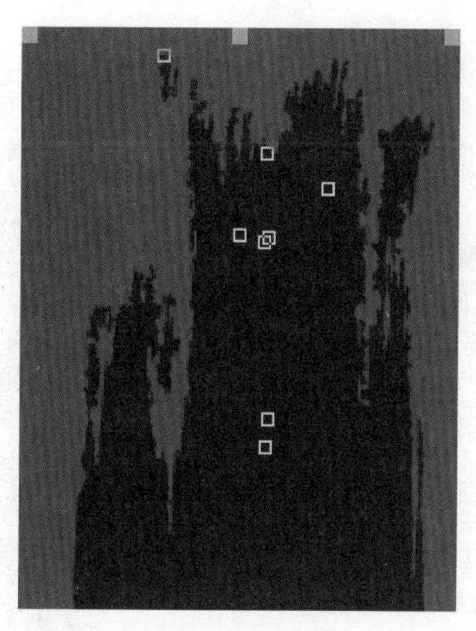

图 4-7　选择白色

图 4-8　删除白色合并后

技巧提示：如果想得到镂空的黑色色块，可以用【选择工具】先单击白色，再按住 Shift 键点击黑色块，单击属性栏中的【修剪工具】命令按钮，然后再选择白色按 Delete 键删除，剩下的就是镂空的黑色色块。

(3) 编辑矩形和矢量笔刷。把矩形填充色调整为(C:0,M:0,Y:0,K:80)；单击"笔刷"图片，拖动到矩形位置上，当出现一个虚形的十字光标时放开鼠标，如图 4-9 所示，单击【图框精确剪裁内部】命令，把图片放入矩形中，如图 4-10 所示，然后按 Ctrl 键，单击进入内框编辑内容，对"笔刷"图片进行编辑，大小位置如图 4-11 所示，填充颜色为(C:0,M:0,Y:0,K:40)，透明度为 50%的色块，编辑完成后按 Ctrl 键，单击蓝色框外，结束编辑，如图 4-12 所示。

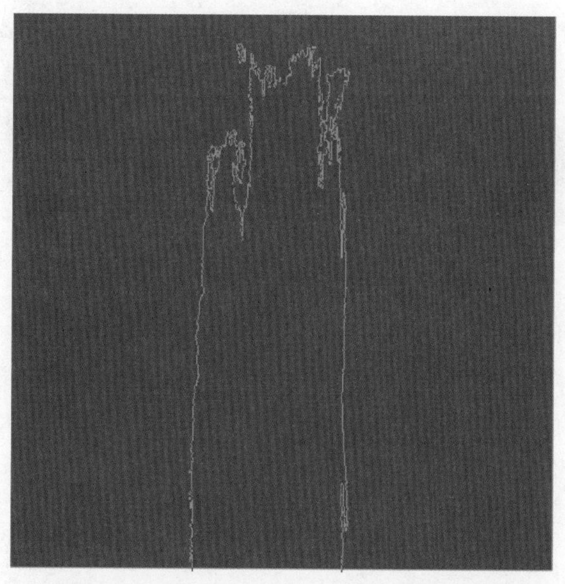

图 4-9　右键拖动图片

图 4-10　选择【图框精确剪裁内部】命令

图 4-11　编辑内部

图 4-12　结束编辑

(4) 编辑横向笔刷色块。用右键拖动"笔刷"图片并单击,选择右键菜单中的【复制】命令,复制出"笔刷"矢量图,并调整大小和位置,如图 4-13 所示;选择色块,单击【渐变填充】(或按 F11 键),对其进行双色(C:0,M:0,Y:0,K:80)、(C:0,M:100,Y:100,K:0)填充渐变色,如图 4-14 所示,填充完渐变色块的效果如图 4-15 所示。

(三) 编辑文本

(1) 输入文字并进行编辑。单击工具栏中的【文本工具】字,单击空白处并输入文字"我们这一派",调整字体和位置为 方正超粗黑简体 100 pt ,再进行错位和微调;单击【文本

图 4-13 复制“笔刷”

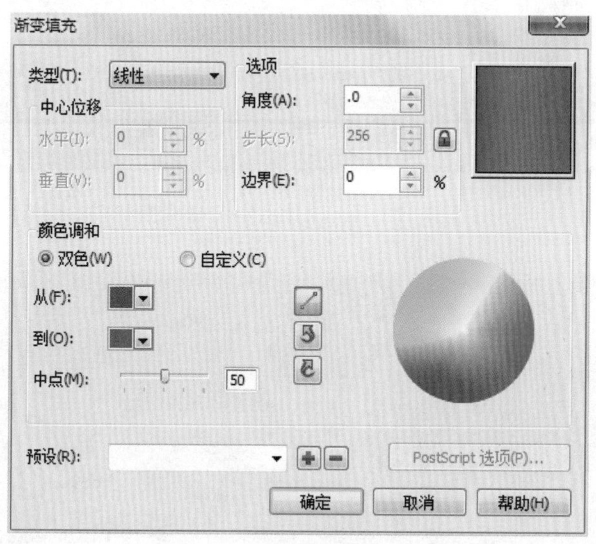

图 4-14 【渐变填充】对话框

工具】，输入大写拼音 WO MEN ZHE YI PAI 进行点缀衬托，字体和大小为 Times New Roman 30 pt，并填充颜色为白色，调整至如图 4-16 所示。单击工具箱中的【透明度工具】，单击【选择工具】选择文字，然后单击属性栏中的【标准】，中文透明度为 20%，拼音透明度为 50%。效果如图 4-17 所示。

(2) 输入文字并进行编辑。单击工具栏中的【文本工具】，单击空白处并输入文字

图 4-15 渐变色块

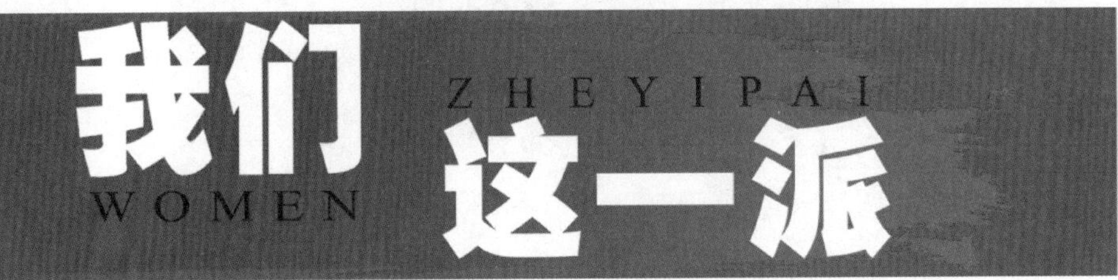

图 4-16 输入“我们这一派”中英文文字

图 4-17 调整文字大小和透明度

图 4-18 输入“顺德首届中小学美术教师绘画展优秀作品集”文字

“顺德首届中小学美术教师绘画展优秀作品集”，选择字体并调整大小和位置为 方正大黑简体 33 pt ，字体色彩为(C:0,M:0,Y:0,K:30)，如图 4-18 所示。

(3) 装饰文字。首先把“优秀作品集”这几个字的色彩改为白色，然后单击工具箱中的【矩形工具】，绘制 5 个正方形，分别填充颜色，如图 4-19 所示，单击选择【顺序】|【置于此对象后】，再选择字体放置于字体的下层，起到衬托作用。

图 4-19　装饰文字

技巧提示：快捷放置某样物体的图层向下一层可以按快捷键 Ctrl＋PgDn，向上一层则是按快捷键 Ctrl＋PgUp。

(4) 标注主编和出版社。单击工具栏上的【文本工具】字，单击空白处并输入文字“主编：顺德教学研究室”“新世纪出版社”，字体为 16 号黑体，色彩根据底色进行变化。最后封面效果如图 4-20 所示。

图 4-20　标注主编和出版社

(5) 用上述方法绘制出“书脊”和“封底”，并在封底上添加设计者、“条形码”和价格等信息。最后效果如图 4-21 所示。

图 4-21　添加封底和书脊

设计链接：封面设计师的想象不是纯艺术的幻想，而是把想象利用科学技术使之转化为对人们有用的实际产品。这就需要把想象先加以视觉化，这种把想象转化为现实的过程就是运用封面设计专业的特殊绘画语言。

设计资讯：封面设计可以总结构思、构图和制作 3 个方面；封面设计五要素为宁简勿繁、宁稳勿乱、宁明勿暗、阐述清晰、多用范例。

项目二　《粤菜热菜烹饪》顺德篇教材封面设计

一、项目背景

该项目是作者为学校烹饪专业设计的《粤菜热菜烹饪——顺德篇》校本教材封面和封底。设计引用“粤菜热菜”图片的同时，运用了点、线、面的构成方法，对所采用的图片进行切割和排列，以求视觉统一性的效果。本实例最终效果如图 4-22 所示。

二、工作目标

通过学习该封面制作，能对版面编排的规律有进一步认识，并熟悉综合运用各种工具。

三、工作时间

工作时间为 3 课时。

四、分配任务

先给学生欣赏并讲解一些封面设计作品，通过欣赏之后再去做，能更好地体现“做中

图 4-22 《粤菜热菜烹饪》顺德篇教材封面设计

学、学中做”,这不仅只是简单的操作,更是一种设计思路与意识的培养。

五、工作步骤

(一)设计与制作封面

(1)创建新文件。名称为“粤菜热菜烹饪”,大小为 A4,分辨率为 300dpi,色彩模式为 CMYK,如图 4-23 所示。

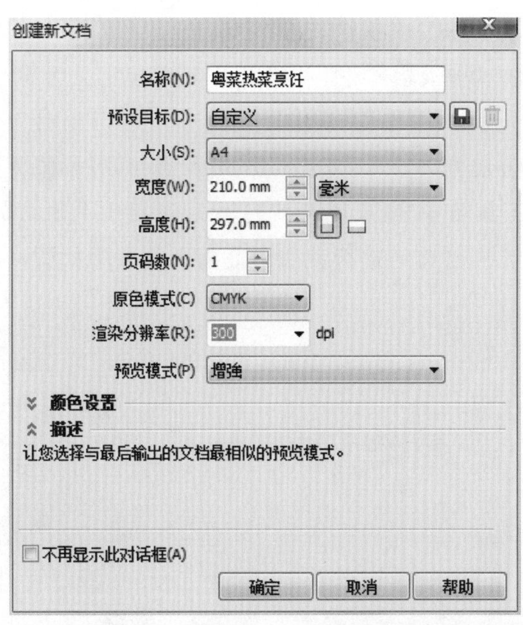

图 4-23 创建新文档“粤菜热菜烹饪”

(2) 按封面大小创建矩形。双击工具箱中的【矩形工具】，创建大小默认为A4的矩形，并调整大小为210mm×285mm，填充色彩为(C:2,M:5,Y:15,K:0)作为封面。复制出矩形作为封底，放在左边，单击【矩形工具】绘制出12mm×285mm的矩形作为书脊，单击【对齐命令】选择【贴齐对象命令】命令，如图4-24所示。

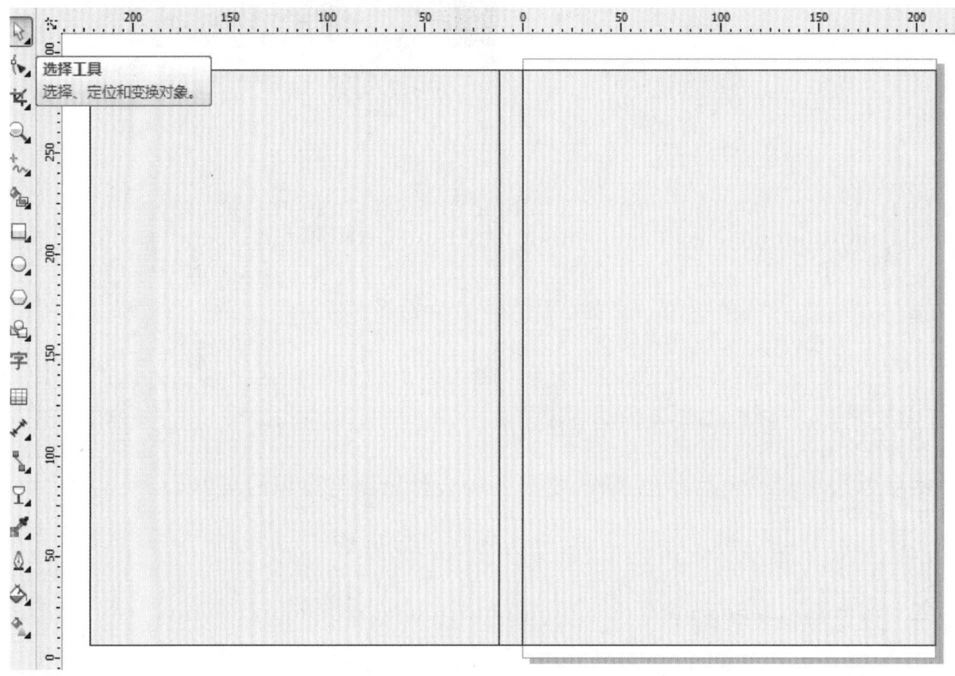

图4-24　按封面大小创建矩形2

(3) 导入草图。单击常用工具栏中的导入按钮导入设计好的草图，单击工具箱中的【透明度工具】，选择草图，单击属性栏选择透明度自定义为50%，调整大小并摆放好位置，如图4-25所示。

(4) 导入素材。用上述方法导入“功夫蒸鱼”图片素材，并调整至适合的大小，如图4-26所示。选择图片，单击工具箱中的【矩形工具】，框选出两个矩形放到相应位置，框选图片和矩形，单击属性栏中的按钮进行裁剪。裁剪后的效果如图4-27所示。

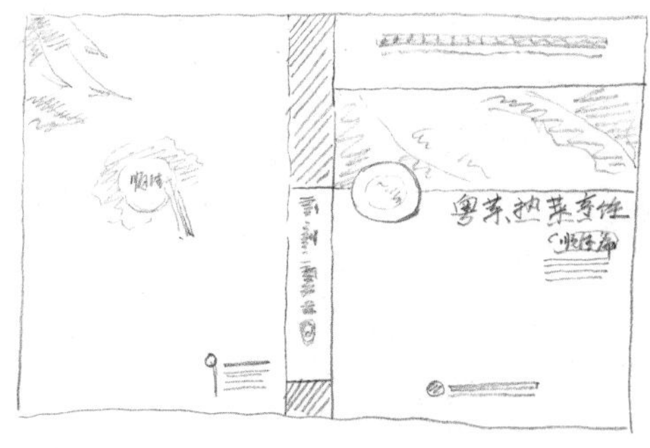

图4-25　导入“粤菜热菜烹饪”封面草图

图4-26　导入“功夫蒸鱼”图片

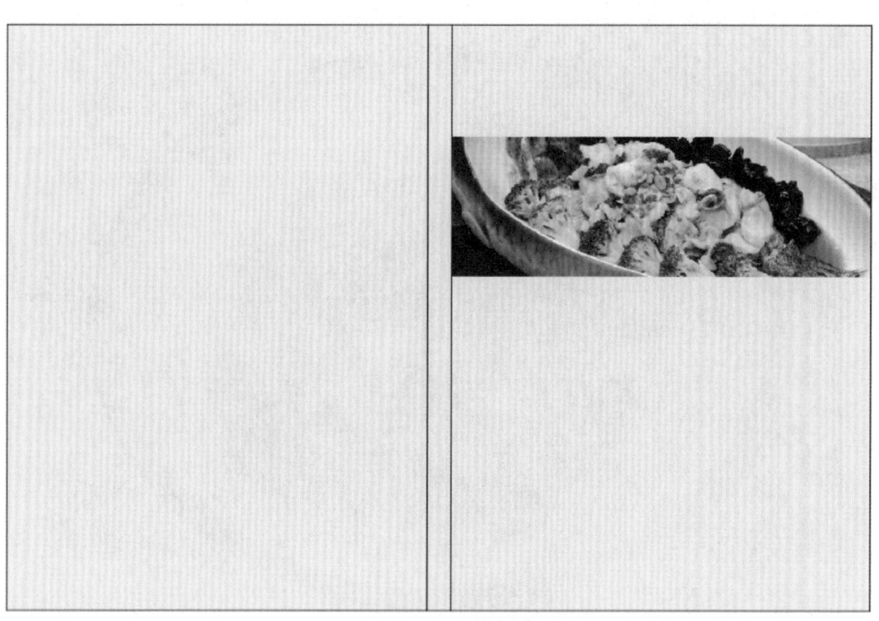

图 4-27　裁剪图片

(5) 导入素材。其周边都是黑色，可以利用 Photoshop 软件进行处理，保存为带透明通道的 PNG 图片，在 PS 中打开素材图片后，单击【魔棒选择工具】选择黑色，如图 4-28 所示，按键盘上的 Delete 键删除黑色，得到透明的底色，如图 4-29 所示(注意先取消图层锁定的选项)，把图片另存为 PNG 图片，在 CorelDRAW 软件中导入“鲍汁鹅掌”图片素材，并调整其大小和位置，如图 4-30 所示。

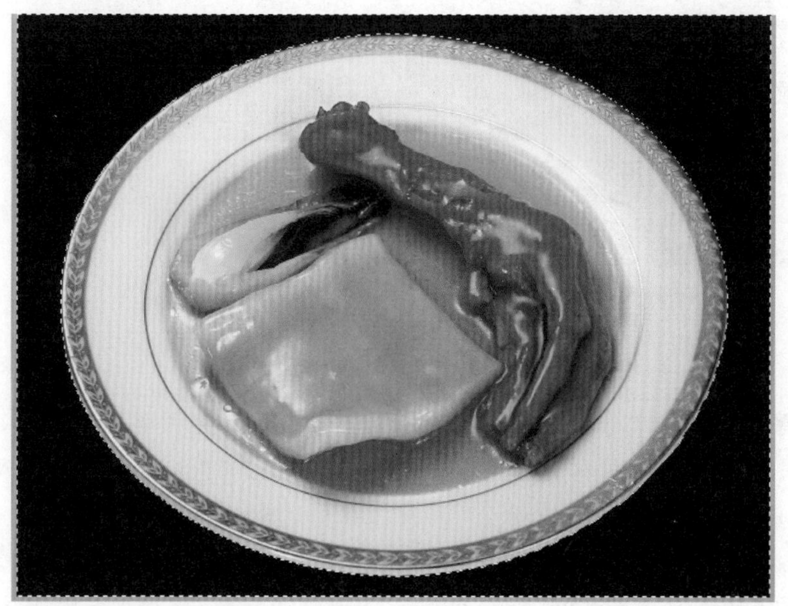

图 4-28　选择黑色

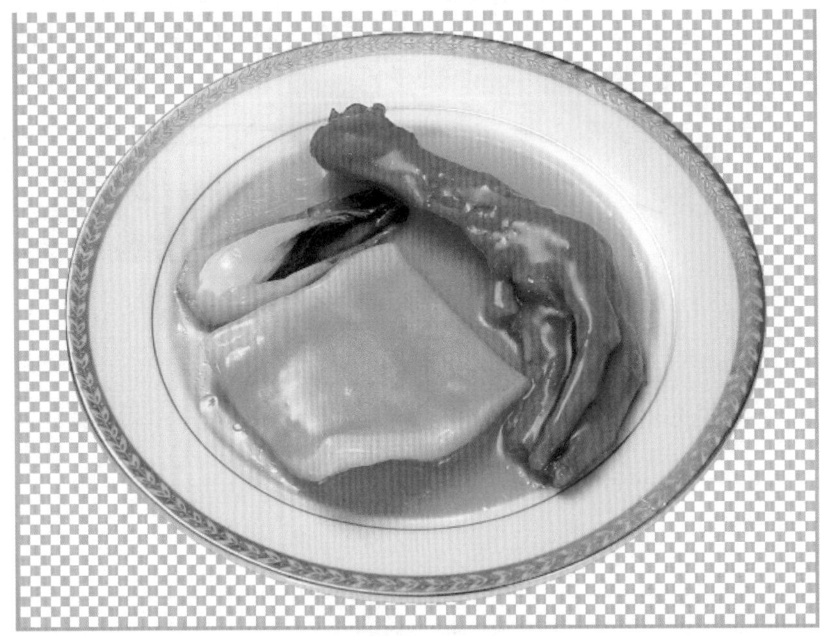

图 4-29　删除黑色后的效果

图 4-30　导入图片并调整位置

技巧提示：可以在 CorelDRAW 软件中利用【位图】|【位图颜色遮罩】命令，在面板框命令中单击吸管按钮，吸取想要遮罩的颜色，再单击【应用】按钮，就可以遮罩住这个颜色不显示，以达到透明的效果。

(6) 输入文字并进行编辑。单击工具栏中的【文本工具】字，输入文字"粤菜热菜烹饪"，调整字体样式为 迷你简汉真广标 43 pt，并在其下输入"顺德篇"，调整字体样式为 迷你简雪君 25 pt。效果如图 4-31 所示。

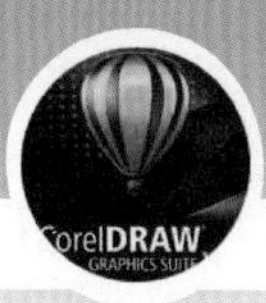

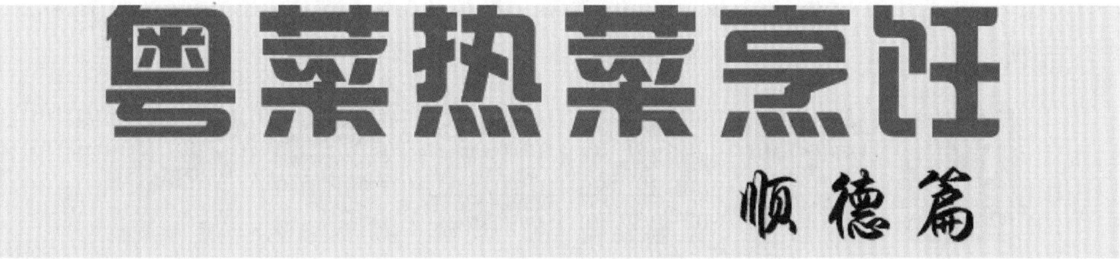

粤菜热菜烹饪
顺德篇

图 4-31　输入文字并编辑

(7) 输入文字并进行编辑。对“顺德篇”的文字进行装饰衬托，导入“笔刷”素材，单击菜单栏中的【位图】|【快速描摹】命令，生成可进行调整的笔刷图形，如图 4-32 所示。把位图删除，框选矢量图，单击按钮取消群组，把多余的白色删除，填充颜色为(C:0，M:60，Y:60，K:60)，放置在“顺德篇”下面的图层进行衬托，把文字颜色改成白色，如图 4-33 所示。

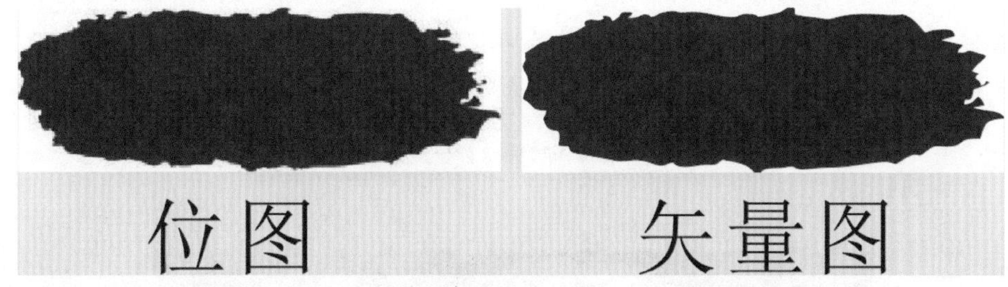

位图
矢量图

图 4-32　快速描摹 1

粤菜热菜烹饪
顺德篇

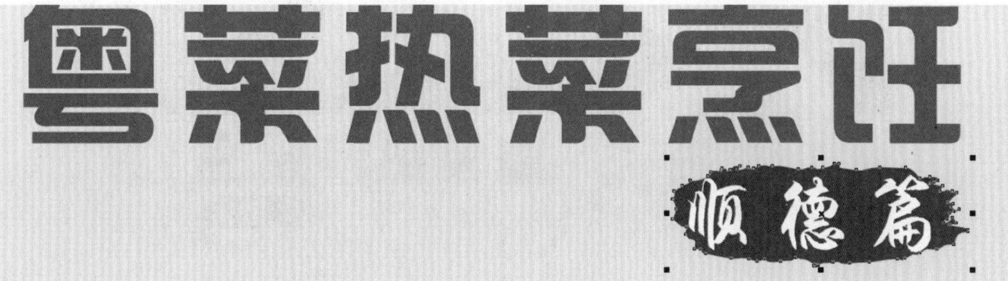

图 4-33　衬托文字

(8) 输入文字并进行编辑。单击工具栏中的【文本工具】，输入文字“国家中等职业教育改革发展示范校建设项目成果系列”，字体为“华文中宋”，字号为 18，输入大写拼音后填充底色为(C:0，M:60，Y:60，K:60)，单击工具箱中的【矩形工具】框选出相应大小，加入颜色(C:0，M:60，Y:60，K:60)进行衬托，如图 4-34 所示。

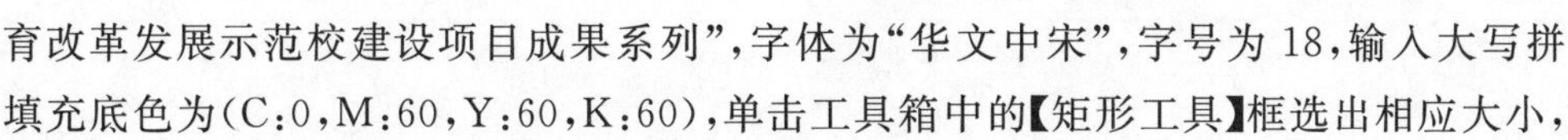

国家中等职业教育改革发展示范校建设项目成果系列
GUOJIAZHONGDENGZHIYEJIAOYUGAIGEFAZHANSHIFANXIAOJIANSHEXIANGMUCHENGGUOXILIE

图 4-34　文字编辑

(9) 输入文字并进行编辑。按上述的方法,加入主编等信息,字体为 9 号微软雅黑,如图 4-35 所示。

图 4-35　文字编辑

(10) 导入学校的标志,并调整大小与位置。得到的封面效果如图 4-36 所示。

设计资讯:书的封面设计在书籍整体设计中的位置是举足轻重的。新书上市时书的内容是一方面,但是真正给读者的第一印象绝对不是书的内容,而是书的封面。

图 4-36　封面效果

（二）设计与制作封底

(1) 导入“竹子”素材，并调整其大小和位置；再导入“笔刷机理”“碟子”“筷子”“顺德”等图片素材，调整其大小和位置，如图 4-37 所示。框选素材，单击属性栏中的【群组】命令进行组合，单击工具箱中的【透明工具】，调整其透明度为 50%，如图 4-38 所示。

图 4-37 导入图片素材

(2) 输入标志和地址。导入一个学校的标志，调整其大小和位置，单击工具箱中的【文本工具】字输入学校地址、电话等信息，字体为黑体、8 号，如图 4-39 所示。

（三）设计与制作书脊

单击工具箱中的【选择工具】，框选“书脊”，按键盘上的＋键，复制一个矩形，单击工具箱中的【形状工具】，对矩形的高度进行调节，一个矩形对齐封面最顶的线，按键盘上的＋键，复制矩形，单击工具箱中的【形状工具】进行调整，填充颜色为(C:0，M:60，

图 4-38　调整透明度

顺德梁銶琚职业技术学校
SHUNDE LIANG QIUJU VOCATIONAL & TECNICAL SCHOOL
红岗校区：广东佛山市顺德区大良南国西路
传真：0757-22661231
电话：0757-22661068 22661231

图 4-39　输入地址、电话等信息

Y:60,K:60)；输入“粤菜热菜烹饪”字样，单击属性栏中的【将文本方向更改为垂直方向】，调整文字的方向和大小，最终效果如图 4-40 所示。

课堂链接：教师除了在操作要求上做一些总结外，还要对封面设计中能否遵循平衡、

图 4-40 最终效果

韵律与调和的造型规律，以及是否做到突出主题、大胆设想，运用构图、色彩、图案等知识点进行总结。

项目三 《保护水资源》公益海报设计

这里没有过多强调公益海报要怎么制作，而是要通过更多优秀的作品欣赏来激发学生的制作兴趣，体会该软件的强大功能，进一步用好相关软件。同时，也要知道公益海报的图形设计需要做到以下几点。

(1) 图形和创意的结合要紧密，不能出现累赘的图形，这样才能使画面简洁，从而更好地表达创意和主题。

(2) 努力做到简洁而不简单，在丰富画面的同时不能过分烦琐。

(3) 图形的使用最好具有一定的代表性和象征意义，这样可以引发观众的思考和联想。最终效果如图 4-41 所示。

一、项目背景

该项目是作者参加“第五届全国生态文明和节能减排主题招贴设计大赛”的入选作品。本作品以“保护水资源”为主题进行创意设计。通过以各种动物的剪影排列组合成一幅水滴图案，动物的剪影利用飞鸟、走兽、鱼虫等分成上、中、下排列，现实中的动物也是如此“海陆空”地分界，但是它们和人一样是离不开水的，从而强调了水资源的重要性。从另

图 4-41 《保护水资源》公益海报设计

一角度分析，如果人类不保护我们共同拥有的水资源，带来的将是全球性的灾难。

二、工作目标

通过这个项目的学习让学生对 CorelDRAW 软件的各种功能的综合运用有更深的理解，同时能更好地掌握【位图】、【快速临摹】等一些新功能的运用。

三、工作时间

工作时间为 3 课时。

四、分配任务

先给学生欣赏并讲解一些公益广告设计作品，通过欣赏之后再去做，能对设计构思方

法有一个初步的认识，同时培养设计思路与意识。

五、工作步骤

（一）设计与制作动物剪影素材

（1）创建新文件。命名为“保护水资源”，大小为 A4，分辨率为 300dpi，色彩模式为 CMYK，如图 4-42 所示。

图 4-42　创建新文档“保护水资源”

（2）绘制动物形象剪影方法一。把“动物剪影”图片素材导入到文件中，单击工具箱中的【透明工具】，将图片的透明度调整为 80%，如图 4-43 所示，右击图片，选择快捷菜单中的【锁定对象】命令，对图片进行锁定，单击工具箱中的【手绘工具】，对图形进行描绘，如图 4-44 所示，并填充黑色，如图 4-45 所示。采用上述方法描绘其他动物剪影。

（3）绘制动物形象剪影方法二。把“动物剪影”图片素材导入到文件中，单击工具箱中的【选择工具】，选择图片，单击菜单栏中的【位图】|【快速临摹】命令，得到可编辑矢量图形，如图 4-46 所示。单击属性栏中的【取消群组】，取消图形群组，选择多余的白色，按键盘上的 Delete 键删除，最后得到动物剪影图片素材中的所有动物的矢量图形，如图 4-47 所示。

（二）设计与制作水滴形状

绘制水滴形状。单击工具箱中的【形状工具】，单击属性栏中的【完美形状】，单击完美形状按钮面板，选择按钮，并在页面中拖动鼠标绘制一个水滴形状图形，如图 4-48 所示。框选图形，选择把线填充为红色，右击选择快捷菜单中的【锁定对象】命令，把图形锁定，如图 4-49 所示。

图 4-43　导入“动物剪影”图片

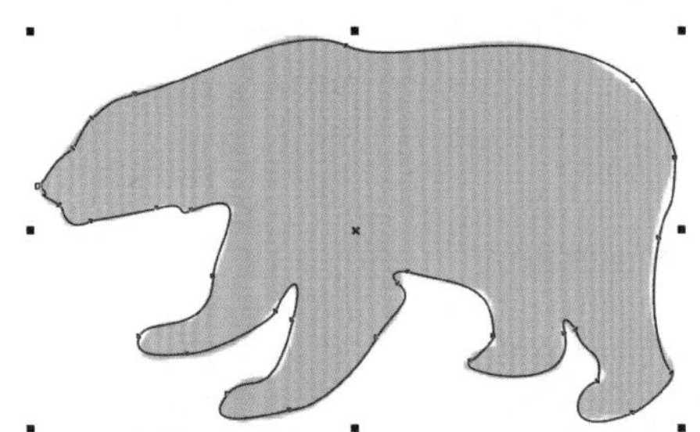

图 4-44　手绘动物剪影

图 4-45　填充黑色

图 4-46　快速描摹 2

图 4-47　删除白色

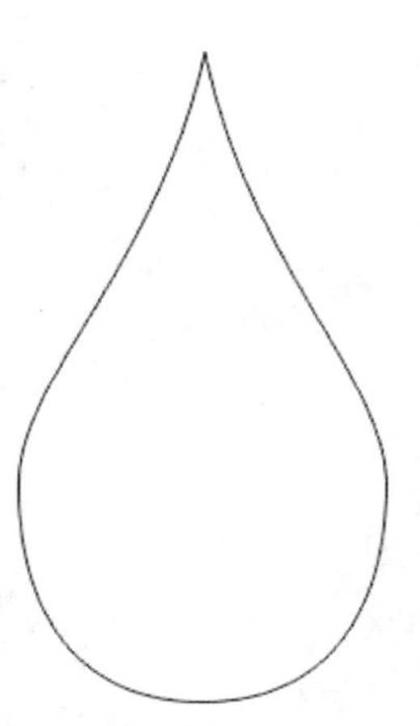

图 4-48　绘制水滴形状

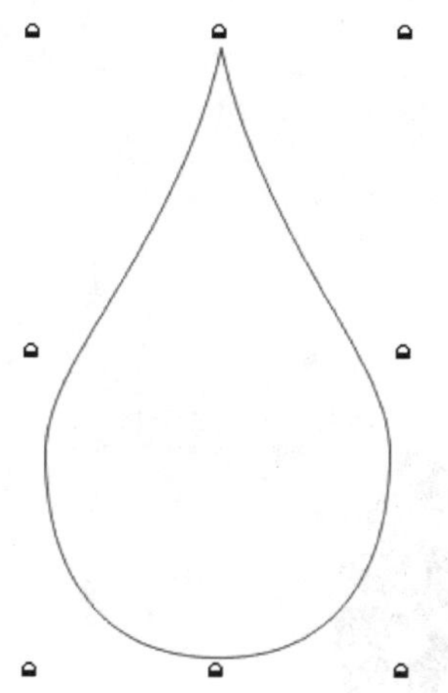

图 4-49　锁定对象

（三）设计与制作动物的水滴形状

(1) 框选动物剪影，按键盘上的＋键，把动物复制到水滴图形里并进行排列，单击工具箱中的【变形工具】，进行图形修改，并调整至合适大小。为了更好地适应边缘的位置，可选择【水平镜像】和【旋转】工具进行排列，如图 4-50 所示。利用上述方法将水滴形状图形填满动物剪影，如图 4-51 所示。

图 4-50　排列组合动物剪影 1

图 4-51　排列组合动物剪影 2

(2) 选择红色水滴图形，右击选择快捷菜单中的【解锁对象】命令，按键盘上的 Delete 键删除，如图 4-52 所示。框选全部动物图形，填充颜色为(C:100,M:20,Y:0,K:0)，单击属性栏中的【群组】命令，群组图形并调整大小，如图 4-53 所示。

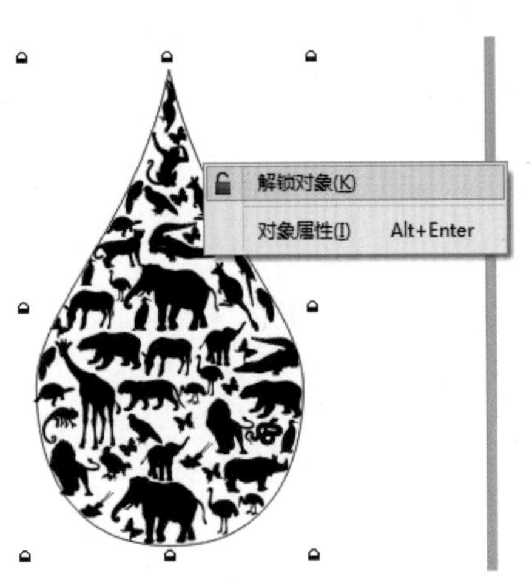

图 4-52 解锁对象　　图 4-53 填充天蓝色　　图 4-54 竖排文字

（四）输入文本并进行编辑

（1）单击工具箱中的【文本工具】字，输入“保护水资源”，选择字体为 黑体 20 pt ，单击属性栏中的【将文本更改为垂直方向】，竖排文字，和水滴形状的动物剪影排列在一起，如图 4-54 所示。

（2）单击工具箱中的【文本工具】字，输入“节约用水 杜绝浪费”，选择字体为 宋体 13 pt ，填充颜色(C：0，M：0，Y：0，K：60)，如图 4-55 所示。选择【文本工具】字，输入大写拼音作为衬托，选择字体为 Arial 6 pt ，填充颜色为(C：0，M：0，Y：0，K：60)，如图 4-56 所示。

节约用水 杜绝浪费

图 4-55 输入中文文字

节约用水 杜绝浪费
JIE YUE YONG SHUI DU JUE LANG FEI

图 4-56 输入大写拼音文字

课堂链接：主要总结该模块的几个操作要点，如图形文件的建立要求、各项目主要运用的一些工具使用方法以及书籍与海报设计的一些要素等。

设计资讯：公益海报的设计师通过视觉来吸引公众的注意力，图形的设计能有效地引起共鸣，唤起情绪，而且整体的意象深远，能够做到简洁明了，又能起到呼吁人们关注的作用。同时，公益海报来源于设计师对平凡生活的细心感悟，借助不同的表现手法间接暗示深刻哲理，从而给人们以更多的文化启示以及对自己生活的观念、价值、审美等的一种哲理性提升。

模块五

技能竞赛——挑战自我

近几年来，以广东省中职学校的“广告设计与制作项目技能竞赛”为例，无论是省赛还是市区赛的竞赛内容，都是以设计标志、字体及推广应用设计为主。该竞赛项目不仅考查学生对平面设计软件的熟练操作，更重要的是考查学生的设计与实践的综合能力，竞赛的要求与内容非常符合中职学生的实践能力与要求，这里引用 2015 年的题型进行操作练习，希望能给我们的学习带来更多的帮助。

项目一　省技能竞赛项目制作

一、竞赛项目描述

2015 年广东省中等职业技术学校技能大赛

广告设计与制作试题

（时间　180 分钟）

【项目说明】 “玉冰烧”是著名广东米酒，传为 100 多年前的太吉酒庄所创，为中国历史文化名酒。今年是农历乙未羊年，太吉酒庄拟推出纪念版的“玉冰烧”。

请为其做下列 3 项设计。

一、纪念版玉冰烧的[标志名称]及[宣传口号]的字体设计

标志名称：羊太吉　　　宣传口号：羊年羊太吉-乙未玉冰烧！

二、纪念版玉冰烧的瓶贴设计（规格、尺寸见附件）

瓶贴请设计正面、背面各一款；再请制作其立体的效果图（参考附件及素材图）。

三、纪念版玉冰烧的促销海报设计（规格、尺寸见附件）

版面上须有产品标志、名称及宣传口号字体，其他相关文字、元素等请自己设定。

◆终稿要求：

1. 请提交手绘草图。标志的手绘草图方案不少于 3 款，其他项目的手绘草图数量不限。

2. 电子文件的规格、数量等参见下面图示(附件)。

3. 终稿文件的尺寸均为横向 A4；格式请转换为 JPG，模式为 RGB，精度为 200dpi。

4. 提交：先在桌面建一个文件夹，命名为"广告赛××号"；只将终稿的 JPG 文档存于此文件夹内，并分别以"广告赛××号 a""广告赛××号 b""广告赛××号 c"……命名。

附件：

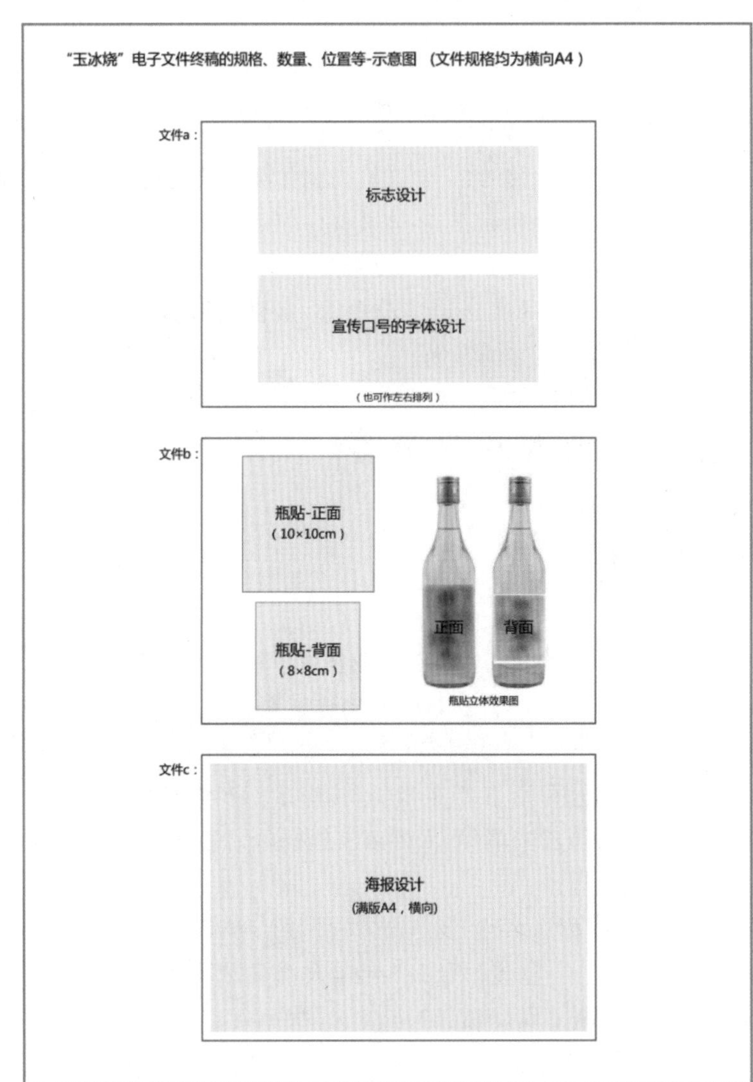

评分权重：手绘草图＝10%，标志＝15%，字体＝15%，图形创意＝30%，广告应用＝30%。

二、竞赛项目分析

中等职业学校技能竞赛广告设计与制作项目对软件没有硬性规定，参赛学生可以自由选择 CorelDRAW、Photoshop、Illustator 等常用的平面设计软件完成制作。本书中项目的标志、字体设计及应用设计制作是利用 CorelDRAW 软件完成的；海报设计制作则是利用 Photoshop 软件完成。

通过学习该竞赛项目的设计与制作，熟练掌握软件的操作，提高学生研读竞赛试题的理解与分析能力，更重要的是考查学生的设计与实践的综合能力。

三、计划——设计构思与手绘草图方案

设计构思的过程是一个展开设计的过程，必须研读试题内容与素材图片，如图 5-1 所示，将所有资料进行理解与分析，根据主题进行设计构思——发散思维，设计灵感油然而生。标志的手绘草图方案不少于 3 款，其他项目的手绘草图数量不限，效果如图 5-2 所示。

图 5-1　素材图

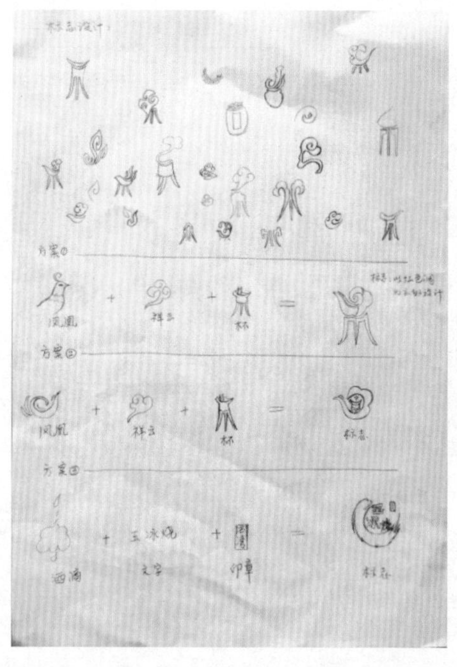
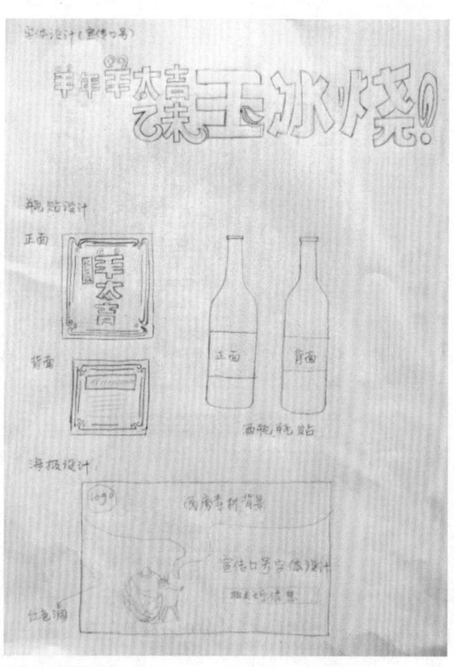

图 5-2　“羊太吉”手绘方案草图

四、决策——提炼方案

深化提炼方案，从众多的构思手绘草图中寻找最佳方案。其中，标志设计以“方案一”为例进行设计制作，其他设计根据手绘方案进行制作。终稿作品欣赏如图 5-3～图 5-5 所示。

图 5-3　终稿文件效果 1

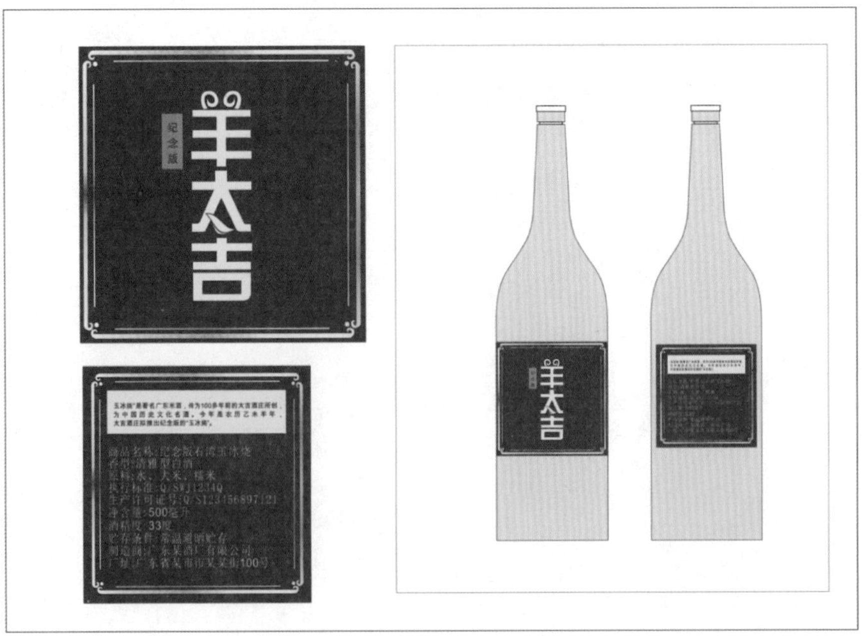

图 5-4　终稿文件效果 2

图 5-5　终稿文件效果 3

五、实施制作过程

（一）玉冰烧标志及字体设计，并规范组合（标志名称：羊太吉）

（1）打开 CorelDRAW 软件，新建 A4 大小的文件，根据标志的手绘方案，单击工具箱中的【贝塞尔工具】，绘制标志的外轮廓线，再单击工具箱中的【形状工具】调整曲线，如图 5-6 所示。

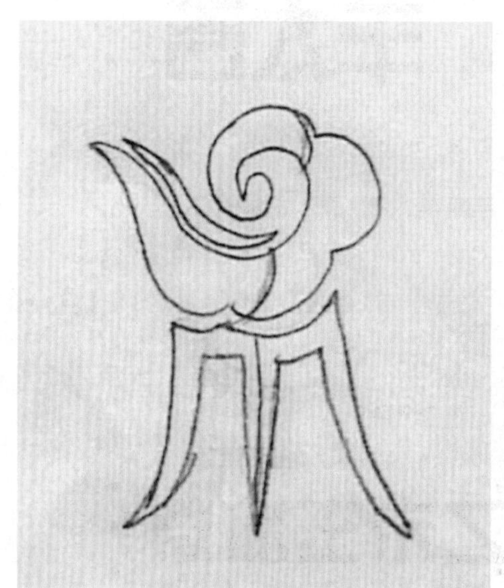

图 5-6　标志线稿绘制

(2) 输入文字“羊太吉”,选择合适的字体为“文鼎新艺体简”,设置字体大小,将其转为曲线后右击弹出对话框,单击选择【拆分曲线】,再单击工具箱中的【形状工具】,调整曲线,对字体进行笔画变形设计。为了让字体颜色有所变化,单击工具箱中的【贝塞尔工具】,绘制一个造形,按住右键把该造形拖到字体上,松开右键,在弹出的快捷菜单中选择【图框精确剪裁内部】命令,然后右击选择快捷菜单中的【调整内容】命令调整到适当位置。调整后效果如图 5-7 所示。

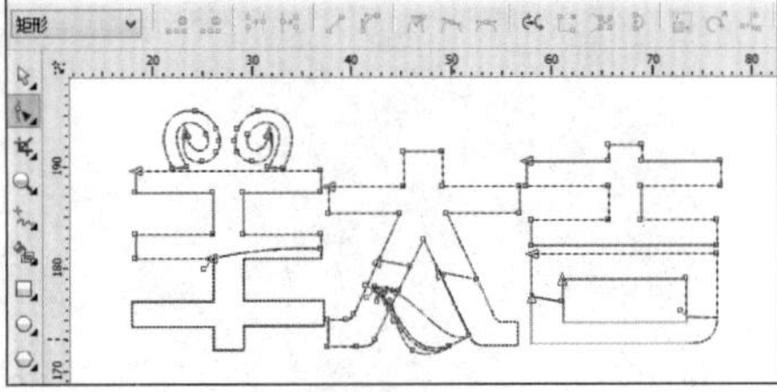

图 5-7　编辑字体并调整

(3) 标志与字体规范组合成图 5-8 所示,根据构思的配色方案,填充深浅各异的“红色调”颜色,如图 5-9 所示。

图 5-8　标志组合线稿

图 5-9　组合填色

(二) 海报宣传口号字体设计(宣传口号:羊年羊太吉-乙未玉冰烧!)

(1) 单击工具箱中的【文本工具】,输入文字,字体为“文鼎新艺体简”,设置字号大小为 16pt,将其转换为曲线再拆分曲线,在菜单栏中单击【排列】|【造形】|【简化】命令,对字体进行造形与编排处理,如图 5-10 所示。

图 5-10　文字造形与编排处理 1

(2) 按上述方法对文字添加和调整形状图形，以增加文字的层次感，起到画龙点睛的作用，使文字的整体效果更加美观，如图 5-11 所示。

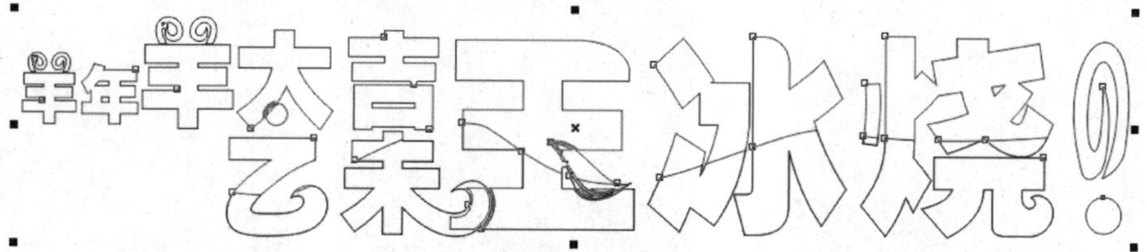

图 5-11 文字调整

(3) 给海报宣传口号文字填充颜色，将文字分几部分进行色彩的渐变填充，文字的渐变效果调整到最佳状态。按设计构思的配色方案执行，完成效果如图 5-12 所示。

羊年羊太吉艺美玉冰烧!

图 5-12 文字的颜色填充

(三) 纪念版玉冰烧的瓶贴设计(规格、尺寸见附件)

(1) 打开 CorelDRAW 软件，新建 A4 大小的文件，参照试卷附件的形状绘制瓶贴造形。

(2) 单击工具箱中的【填充工具】，进行瓶贴图形的深红色填色。接着将标志拖入页面，剪切标志的小部分图形，并将其对称组合成四方连续图案，选中花纹，单击工具箱中的【透明度】，适当调整透明度，选中花纹，用右键拖至红色图框中释放，弹出对话框，选择【图框精确裁切内部】的底纹图案填充。如图 5-13 所示。最后将设计好的字体放置在中间，瓶贴正面完成效果如图 5-14 所示。

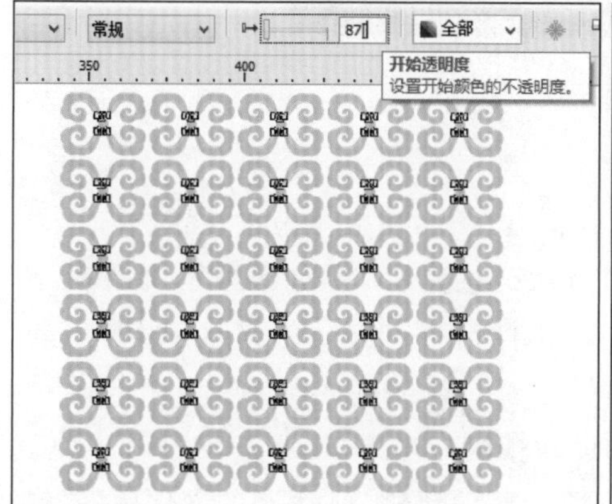

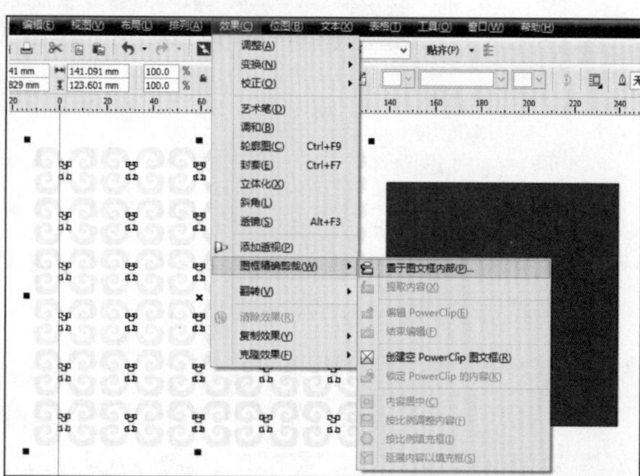

图 5-13 图片处理

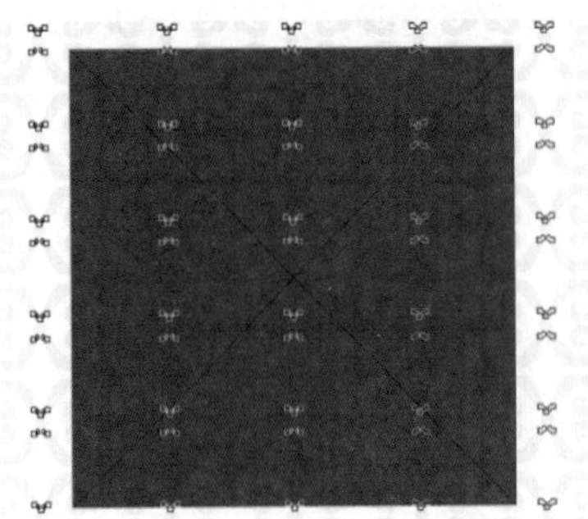

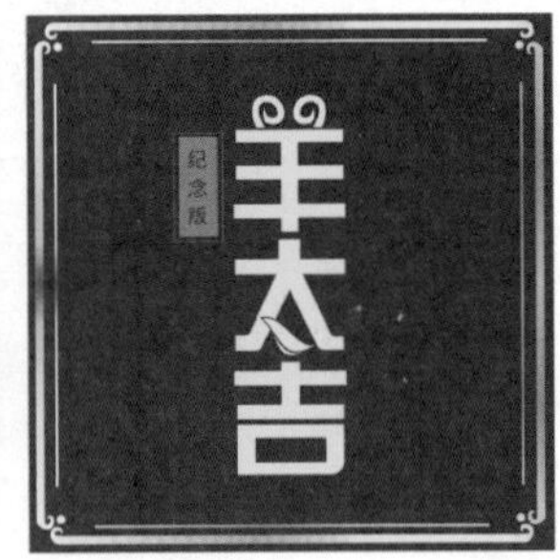

图 5-14 文字居中

(3) 绘制瓶贴背面的制作方法与正面一样。最后输入相应的文字信息。最终完成效果如图 5-15 所示。

图 5-15 瓶贴的最终完成效果

(四) 海报设计

根据海报设计构思方案，观察素材图片，发掘图片的潜力，确立海报设计素材与相关元素，有了这些材料制作起来就得心应手了。制作海报的过程是一个创作过程，需要处理原始素材，建议可以直接利用 Photoshop 软件对图像进行抠图处理、色彩调整及排版处理，完成海报的设计排版。

利用 Photoshop 软件对素材进行以下处理和设计排版：选择"玉冰烧-素材 2"与"玉冰烧-素材 3"，分别对其进行抠图处理，方法大同小异。然后新建 A4 大小的文件(竖向构图)，分别将刚才处理好的 3 个元素图片按需求编排在页面适当的位置，完成海报效果。

(1) “酒坛”的抠图处理。单击工具箱中的【钢笔工具(路径)】|【减去】，进行图形的选取，再载入选区，然后执行【反选-Delete(删除背景)】|【羽化】命令完成抠图处理，如图5-16所示。

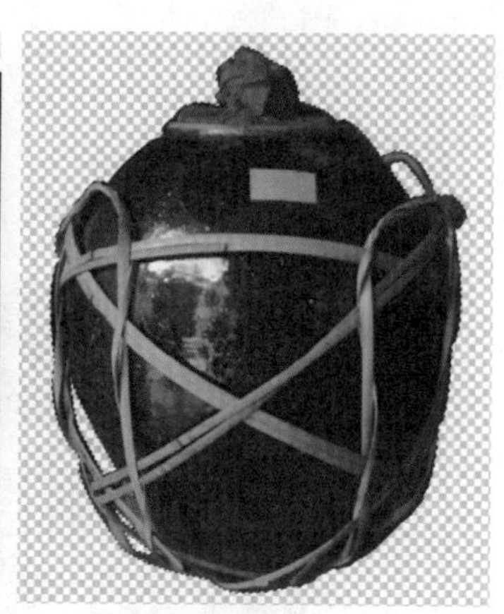

图5-16　“酒坛”的抠图处理

(2) “酒杯”的抠图处理。单击工具箱中的【裁切工具】，对图形的选取进行裁剪，单击工具箱中的【魔棒工具】，进行图形的选取。然后执行【Delete(删除背景)-羽化】命令完成抠图处理，如图5-17所示。

图5-17　“酒杯”的抠图处理

(3) 新建A4大小的文件(竖向构图)，命名为“广告赛××号c”，打开“玉冰烧-素材8”，复制到新建的文件中，作为海报背景。新建图层，单击工具箱中的【钢笔工具】，绘制出“酒飘香”的效果——寓意着“酒香不怕巷子深”。同时，增加海报画面的层次感，采用红色渐变填充。

(4) 将刚才抠好的素材图形拖入画面适当的位置，并执行【图像】|【调整】|【色彩平衡】菜单命令，使其与红色背景统一在一个画面上，添加【阴影】加强明暗对比与立体感，如图5-18所示。

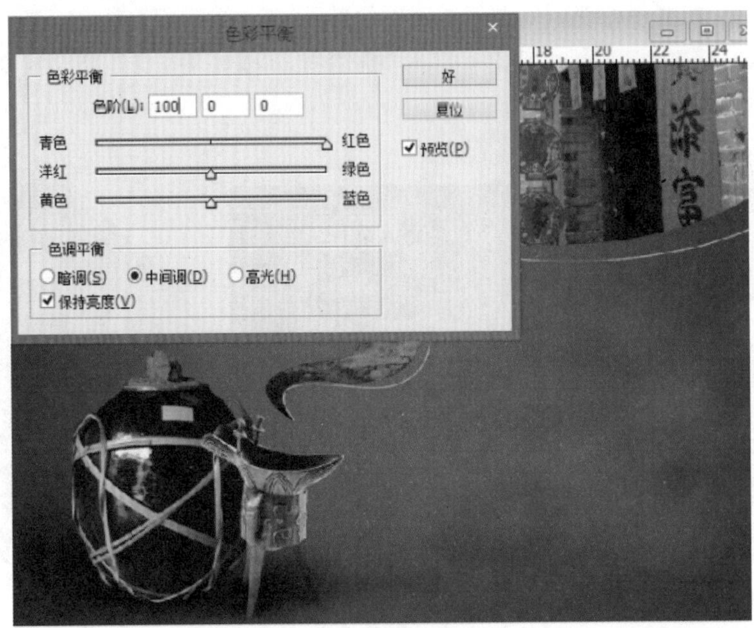

图 5-18　素材导入与调整

(5) 将制作好的标志与字体设计元素拖入画面上，然后将海报的相关信息复制到画面上，将整体效果编排好。完成效果如图 5-19 所示。

图 5-19　海报最终完成效果

（五）检查与终稿提交

(1) 检查。作品制作完成后，按照终稿文件的示意图(图 5-20)认真检查核对。注意电子文件终稿的规格、数量、位置等要求。

(2) 终稿提交。其中包括手绘草图与按照竞赛要求命名的电子文件。

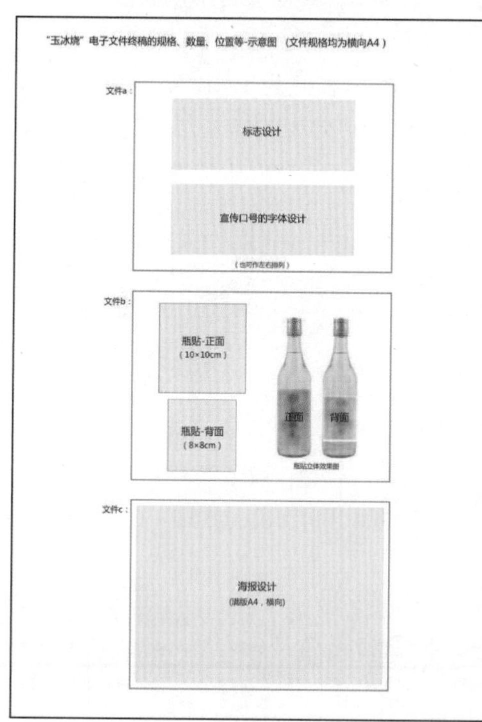

图 5-20　终稿文件示意图

项目二　市区赛项目制作

一、竞赛项目描述

> **2014 年广东省中山市中等职业技术学校技能大赛**
>
> **广告设计与制作试题**
>
> **（时间　180 分钟）**
>
> ◆请为某中学的"观鸟协会"做下列设计。
>
> 一、协会的标志及字体设计(协会名称"彩云观鸟协会")
>
> 二、协会的活动海报设计(规格、尺寸见附件)
>
> 海报主题：这个周末去观鸟！(Let's birding this weekend !)
>
> 海报上必须有协会的标志与主题字体，其他时间、地点等相关文字请自己拟定。

三、协会的旗帜、会员证设计(规格、尺寸见附件)

旗帜、会员证上须有协会的标志与字体,其他相关文字等要素请自己设定。

◆**终稿要求**:

1. 请提交手绘草图。标志的手绘草图方案不少于3款,其他项目不限数量。

2. 电子文件的规格、数量等参见下面图示(附件)。

3. 终稿文件的尺寸均为竖向A4;格式请转换为JPG,模式为RGB,精度为200dpi。

4. 提交——先在计算机桌面建立一个文件夹,命名为“广告竞赛××号”。

将终稿文档存于此文件夹内,并分别以“广告竞赛××号a”“广告竞赛××号b”“广告竞赛××号c”……命名。

附件:

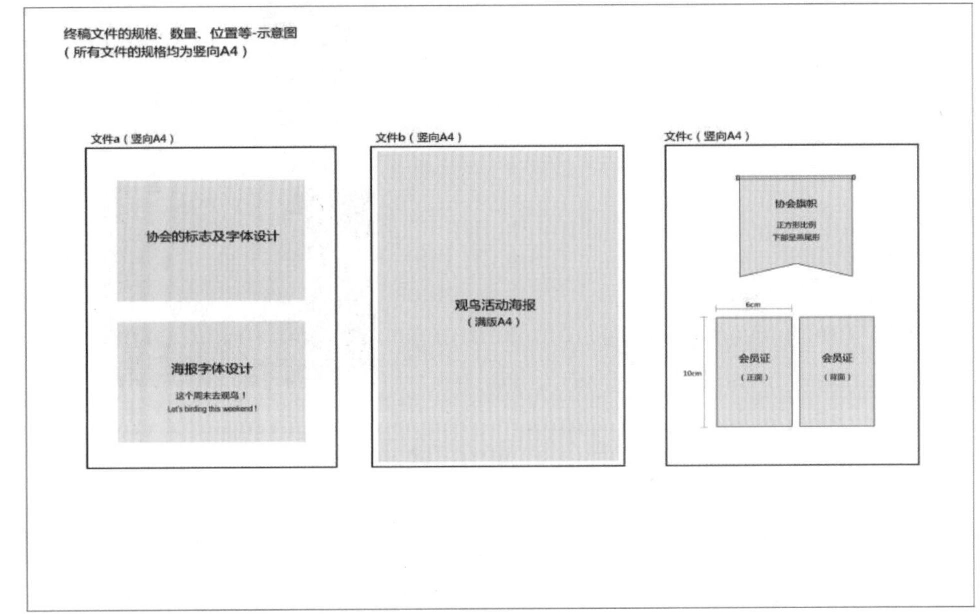

评分权重:手绘草图=10%,标志=15%,字体=15%,图形创意=30%,广告应用=30%。

二、竞赛项目分析

中等职业学校技能竞赛《广告设计与制作》项目对软件没有硬性规定,参赛学生可以自由选择CorelDRAW、Photoshop、Illustator等常用的平面设计软件完成制作。本项目任务中的标志、字体设计及应用设计制作是利用CorelDRAW软件完成的;海报设计制作则是利用Photoshop软件完成海报素材的“裁剪”“抠图”等效果的处理,然后用CorelDRAW软件进行排版制作。

通过学习该竞赛项目的设计与制作,主要掌握软件的熟练操作以及学生研读竞赛试

题的理解与分析能力，更重要的是考查学生的设计与实践的综合能力。

三、计划——设计构思与手绘草图方案

设计构思的过程是一个展开设计的过程，必须研读试题内容与素材图片，将所有资料进行理解与分析，根据主题进行设计构思——发散思维，设计灵感油然而生。标志的手绘草图方案不少于 3 款，其他项目的手绘草图数量不限，效果如图 5-21 所示。

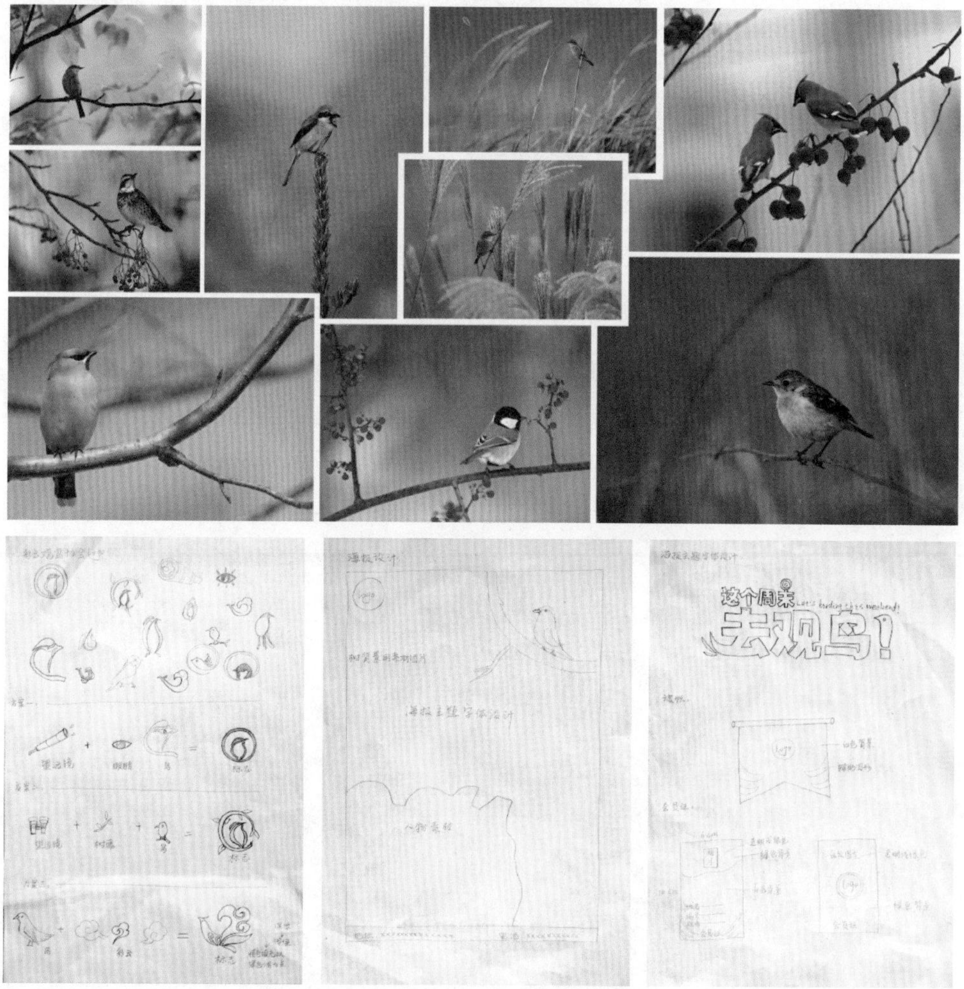

图 5-21　手绘方案草图

四、决策——提炼方案

提炼方案，从众多的构思手绘草图中寻找最好的方案。标志设计以“方案三”为例进行设计制作，其他设计根据手绘方案进行制作。终稿作品欣赏如图 5-22 所示。

图 5-22　终稿文件效果 3

五、实施制作过程

（一）标志及字体设计并规范组合

(1) 打开 CorelDRAW 软件，新建 A4 大小的文件，根据标志的手绘方案，单击工具箱中的【贝塞尔工具】，绘制出标志的外轮廓线，再单击工具箱中的【形状工具】调整曲线，如图 5-23 所示。

图 5-23　线稿绘制

(2) 单击工具箱中的【文本工具】，输入文字“彩云观鸟协会”，字体为【微软雅黑加粗】，设置字体大小为 20pt，将其转换为曲线再拆分。再单击工具箱中的【形状工具】，重点对“鸟”字进行简单的笔画处理，再填充颜色，如图 5-24 所示。

(3) 对标志上色。在制作前就构思好配色方案——绿色调。因此，字体的颜色填充为深浅不同的绿色，调整到最佳效果，最后将标志和字体规范组合，如图 5-25 所示。

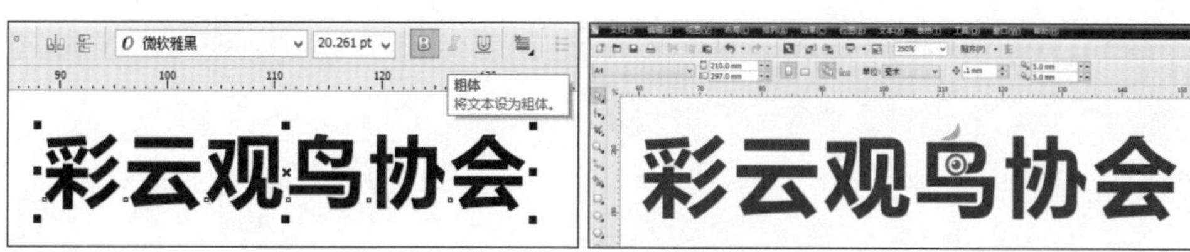

图 5-24 字体处理

图 5-25 标志和文字的颜色填充

（二）海报主题字体设计【海报主题：这个周末去观鸟！(Let’s birding this weekend ！)】

(1) 输入文字，字体为“文鼎特粗黑简”，设置字体大小，将其转换为曲线再拆分，在菜单栏中单击【排列】|【造形】|【简化】命令，对字体进行造形与编排处理，如图 5-26 所示。

图 5-26 文字造形与编排处理 2

(2) 单击工具箱中的【贝塞尔工具】，结合【形状工具】对文字添加和调整形状，图形效果如图 5-27 所示。

(3) 利用【复制-粘贴】、【焊接】、【裁剪-相交】等命令，得到一个新的文字图形，并对其填充相应的渐变色彩，然后加粗文字图形的外轮廓线为白色，最后将全部文字图形群组为一个整体，如图 5-28 所示。

(4) 调整“去观鸟”字体，单击工具箱中的【填充工具】，选择渐变填充类型为辐射；

图 5-27　文字添加与调整

图 5-28　颜色填充并群组

调整“这个周末”字体，单击工具箱中的【填充工具】，选择渐变填充类型为线性，设置如图 5-29 所示。完成效果如图 5-30 所示。

（三）协会的活动海报设计

根据海报设计构思方案，观察素材图片，发掘图片的潜力，确立海报设计素材与相关元素，有了这些材料制作起来就得心应手了。制作海报的过程是一个创作过程，需要处理原始的素材，建议利用 Photoshop 软件对图像进行抠图处理，并保存为 TIF 格式（图层不受损）作为海报设计元素备用，海报的整体设计、排版等利用 CorelDRAW 软件来完成。

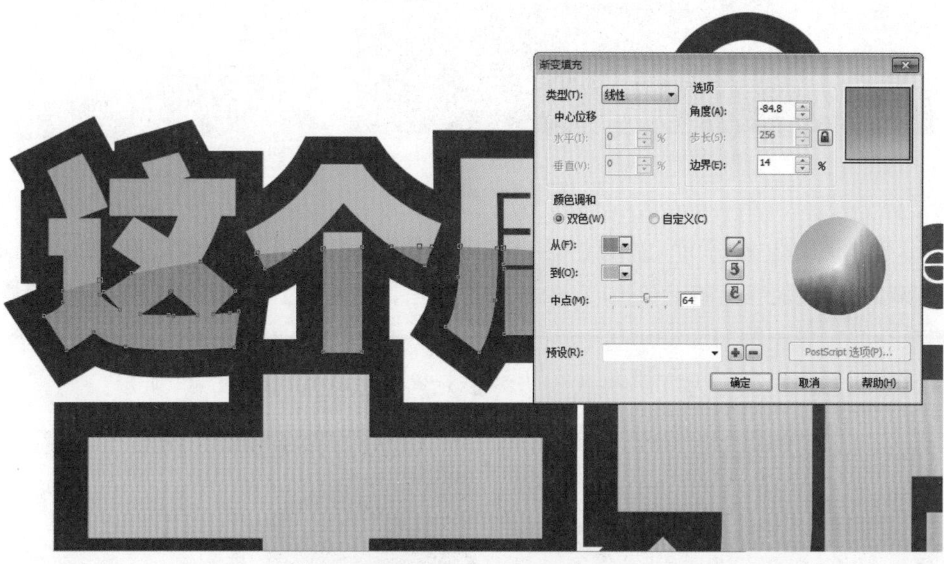

图 5-29　为文字填充颜色

图 5-30　文字完成效果

利用 Photoshop 软件对素材进行以下处理。

(1) 选择“观鸟-素材 1”，单击工具箱中的【裁剪】，执行【图像】|【调整】|【亮度\对比度】命令，调整图像的色彩效果，保存为 TIF 格式作为海报元素之一备用，如图 5-31 所示。

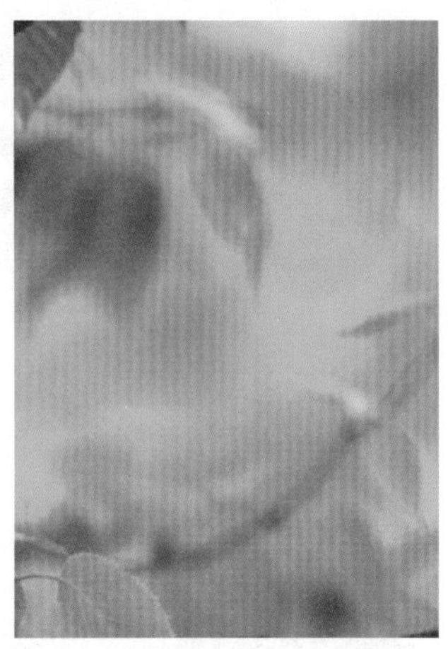

图 5-31　裁剪素材

(2) 选择“观鸟-素材 9”，进行抠图处理。在【通道】中，选取明暗对比明显的“蓝通道”，【调整-曲线】加强明暗对比，让鸟的造形更突出；再单击工具箱中的【钢笔工具】抠图、删除背景。效果如图 5-32 所示。接着执行【编辑】|【变换】|【水平翻转】菜单命令，然后添加【阴影】效果，保存为 TIF 格式作为海报元素之二备用，如图 5-33 所示。

图 5-32　PS 图片处理

图 5-33 “观鸟-素材 9”完成效果

(3) 选择“观鸟-素材 10”，单击工具箱中的【魔棒工具】，对人物进行抠图，然后添加【阴影】效果，保存为 TIF 格式作为海报元素之三备用，如图 5-34 所示。

图 5-34 人物抠图

（四）再利用 CorelDRAW 软件完成海报

(1) 打开 CorelDRAW 软件，新建 A4 大小的文件(竖向构图)，分别将刚才处理好的 3 个元素图片导入页面，并将其编排在适当的位置。

(2) 将设计好的“海报主题字体”导入页面，作为海报的视觉焦点，给外轮廓线添加白色粗线，并对整体的字体增加【阴影】效果，如图 5-35 所示。

图 5-35 阴影添加效果

(3) 将设计好的"标志"导入页面,放置在左上角的适当位置,并给外轮廓线添加白色细线,使视觉效果更明显。

(4) 在海报的最下方绘制一个长方形,起到装饰衔接作用,并输入与海报相关的文字信息,如图 5-36 所示。协会的活动海报设计制作完成,效果如图 5-37 所示。

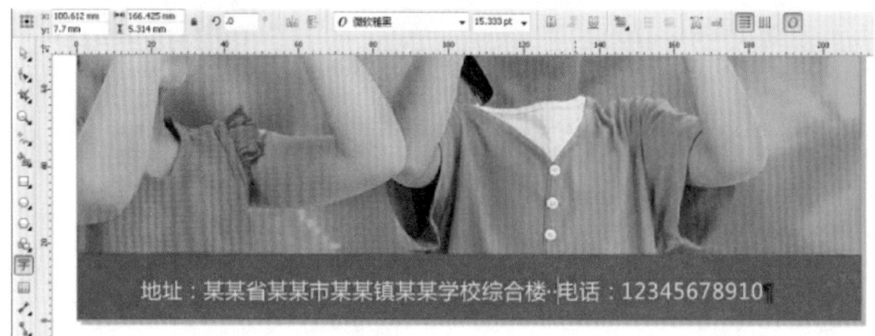

图 5-36　输入文字信息

图 5-37　海报的完成效果

（五）协会的旗帜、会员证绘制

旗帜、会员证上须有协会的标志与字体，其他相关文字等要素请自己设定。

（1）旗帜绘制。旗帜的绘制方法简单，参照试卷附件的形状绘制即可。将制作好的标志与字体组合文件导入页面，放置在旗帜的适当位置，裁剪标志中美观的一小部分作为辅助图形，点缀在旗帜左、右两边的空白处，如图 5-38 所示。

图 5-38 旗帜绘制

（2）会员证绘制（利用 CorelDRAW 软件完成制作）。绘制会员证的正背面：打开 CorelDRAW 软件，新建 A4 页面，绘制两个尺寸为 60mm×100mm 的矩形（竖构图）。复制刚刚绘制的正面矩形，缩小矩形高度，转换为曲线并调整曲线，执行辐射渐变色填充，即从深绿色至浅绿色的立体渐变效果。

（3）在会员证的背面绘制一个正圆，再复制一个，分别填充白色与绿色，并添加轮廓线。

（4）运用标志图形的重复构成效果作为会员证的底纹图案，将图形重复复制多遍并群组，然后将组图旋转一定角度，显示出倾斜效果。选中花纹，用右键拖至红色图框中释放，弹出对话框，选择【图框精确裁切内部】的底纹图案填充，并编辑到适当的位置，调整其透明度，如图 5-39 所示。

（5）单击工具箱中的【文本工具】字，输入“姓名、编号、职位、会员证”文字，将文字编排在适当的位置，如图 5-40 所示。

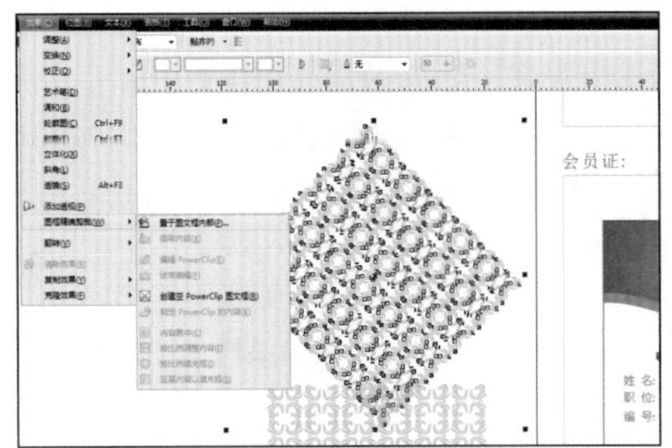
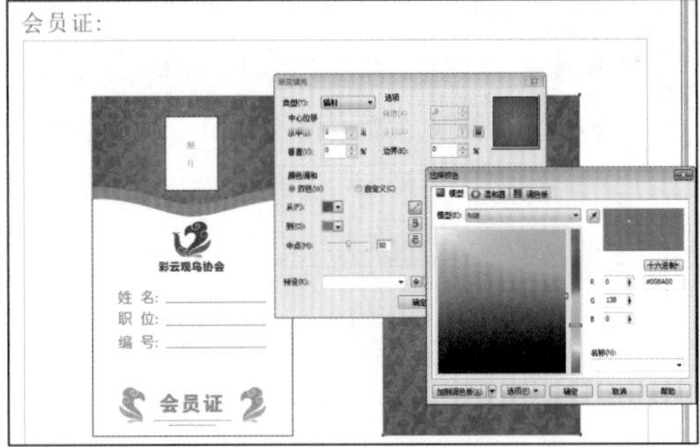

图 5-39　会员证绘制

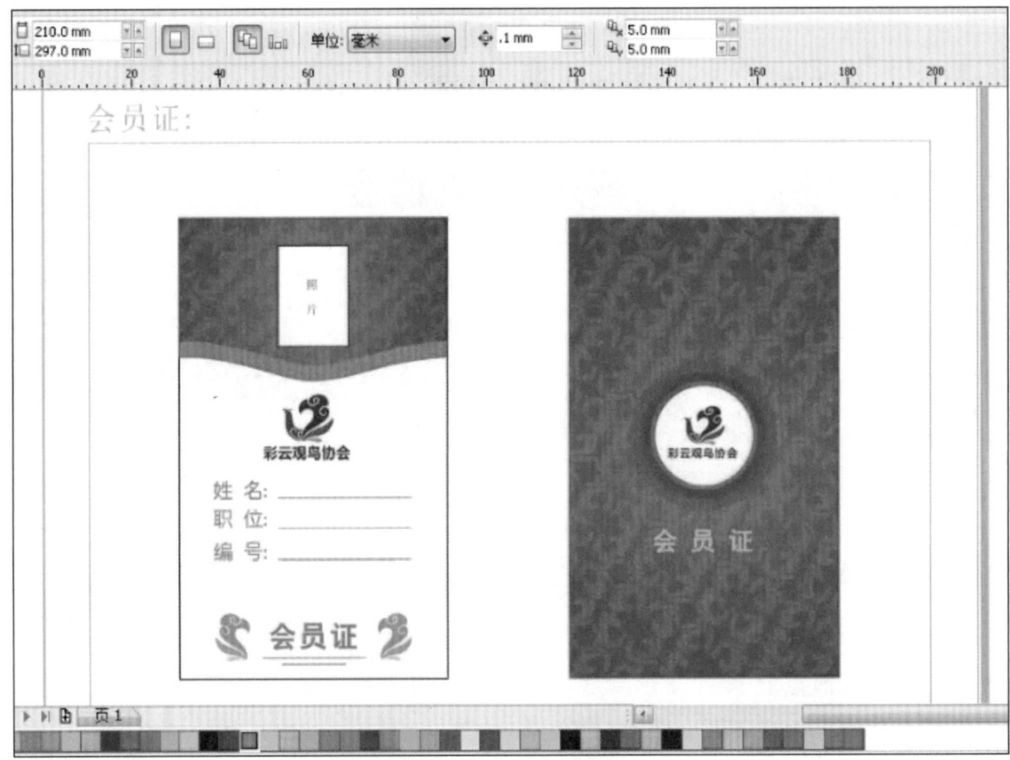

图 5-40　输入文字信息

（六）检查与终稿提交

(1) 检查。作品制作完成后，按照终稿文件的示意图(图 5-41(a))进行认真检查核对。注意电子文件终稿的规格、数量、位置等要求。

(2) 终稿提交。其中包括手绘草图与按照竞赛要求命名的电子文件。

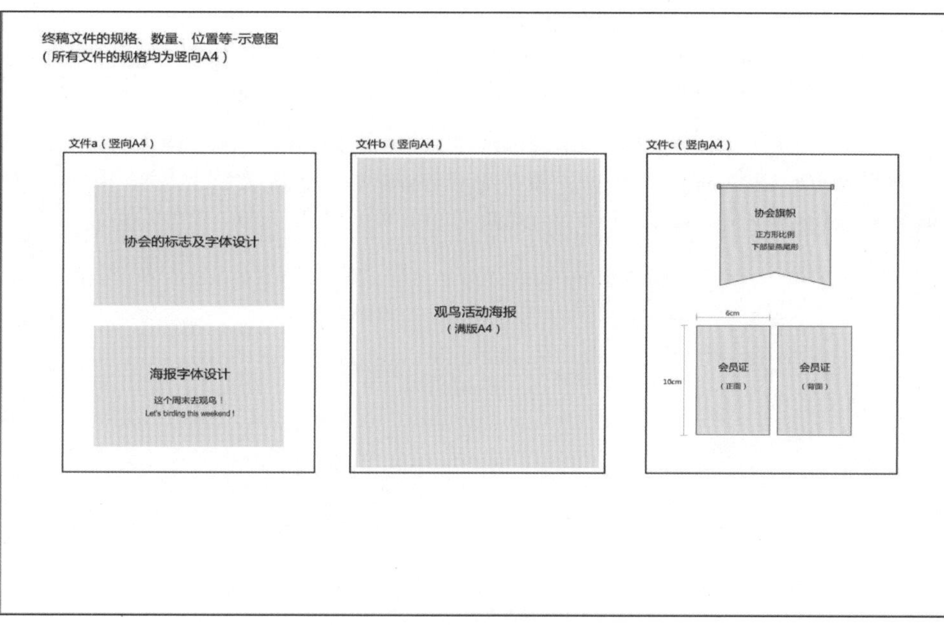

(a)

(b)

图 5-41　竞赛提交的完成稿

参 考 文 献

[1] 尹小港. CorelDRAW X6 中文版标准教程[M]. 北京：人民邮电出版社，2012.
[2] 布顿. CorelDRAW X6 官方教程[M]. 革和，杜昌国，译. 北京：清华大学出版社，2013.
[3] 麓山文化. CorelDRAW X6 平面广告设计经典 108 例[M]. 北京：机械工业出版社，2013.